可靠性新技术

关键基础设施网络的故障规律

李大庆 著

电子工业出版社

Publishing House of Electronics Industry

北京·BEIJING

内 容 简 介

本书围绕关键基础设施的故障规律这个核心问题,从三个方面介绍最新的研究成果,即故障的传播媒介(网络结构)、故障的传播内因(网络流量)、故障的传播行为(时空特点)。在此基础上,本书提出了网络故障预测和恢复的方法,为建立关键基础设施网络可靠性理论和方法提供支撑。

本书适合从事基础设施可靠性的研究人员和技术人员,也适合系统可靠性、网络可靠性等方向的大专院校研究生,以及对复杂系统感兴趣的读者。

未经许可,不得以任何方式复制或抄袭本书之部分或全部内容。
版权所有,侵权必究。

图书在版编目(CIP)数据

关键基础设施网络的故障规律/李大庆著. —北京:电子工业出版社,2017.5
ISBN 978-7-121-31536-7

Ⅰ. ①关… Ⅱ. ①李… Ⅲ. ①计算机网络—故障诊断 Ⅳ. ①TP393.07

中国版本图书馆 CIP 数据核字(2017)第 101105 号

责任编辑:许存权　　特约编辑:谢忠玉 等
印　　刷:北京虎彩文化传播有限公司
装　　订:北京虎彩文化传播有限公司
出版发行:电子工业出版社
　　　　　北京市海淀区万寿路 173 信箱　邮编 100036
开　　本:720×1 000　1/16　印张:13.75　字数:220 千字
版　　次:2017 年 5 月第 1 版
印　　次:2023 年 9 月第 2 次印刷
定　　价:89.00 元

凡所购买电子工业出版社图书有缺损问题,请向购买书店调换。若书店售缺,请与本社发行部联系,联系及邮购电话:(010)88254888,88258888。
质量投诉请发邮件至 zlts@phei.com.cn,盗版侵权举报请发邮件至 dbqq@phei.com.cn。
本书咨询联系方式:(010)88254484,xucq@phei.com.cn。

前　言

交通网络、电力网络、天然气管网、Internet 等系统作为支撑社会正常运行的"动脉",都具有典型的网络结构,且主要用来运输各类流量(物质、能量、信息)。这些网络系统频繁受到内部故障或者外部攻击的影响,交通瘫痪、电力崩溃、网络攻击等是各类网络的主要失效或者威胁模式(统称为网络故障)。这些基础设施网络具有一般系统不具备的特点,包含大量元素、网络化结构、非线性动态演化、故障涌现等。用传统的可靠性手段去分析或计算基础设施网络可靠性,就可能遇到故障无法定位或"指数爆炸"等问题,导致实际可靠性管理投入较大而收效甚微。据统计,二十多年来,美国发生大停电的频率未曾降低,甚至停电频率在高峰时段有所增加(P. Hines et al., Energy Policy, 2009)。

如果把这些关键基础设施系统看成机械化和信息化的"森林",故障就是威胁这个森林安全的"火"。在大多数关键基础设施中,这些"火"往往沿着隐性的功能耦合轨迹传播。了解森林火灾中火的传播行为可以帮助我们建立有效的缓解策略,从而指导在火灾发现后及时隔离并消除起火。尽管在实际中各类复杂系统的故障传播造成的损失往往比森林火灾大得多,我们依然对复杂系统的故障规律缺乏深入了解。

因此,要想实现对这一类复杂网络系统的可靠性管理,就必须围绕网络系统的故障规律这个核心问题，研究这些基础科学问题，即故障的传播媒介（网络结构）、故障的传播内因（网络流量）、故障的传播行为（时空特点）等。本书介绍了在以上三方面的最新研究成果，主要突出了网络、流量、故障这三个基础设施可靠性的不同层次的内在机理，并在此基础上提出了网络故障预测和恢复的方法，为建立关键基础设施网络可靠性理论和方法提供支撑。

从物理连通各个地区的公路网络，到信息连通各个站点的信息网络，基础设施网络的出现伴随着人类历史的进程。这些网络作为社会系统的神经网络和循环系统，一旦发生故障，可谓"牵一发而动全身"。可靠性是与故障作斗争的科学。针对关键基础设施的可靠性测评和优化等需求，我们围绕这类复杂系统的故障行为，开展了有关网络结构、流量组织、故障传播和预测等基础理论和方法的研究，建立了复杂系统可靠性实验室。在研究的过程中，我们得到了 Shlomo Havlin 教授、康锐教授、Enrico Zio 教授等网络理论和可靠性研究的国内外顶尖学者的大力支持。本书主要介绍了近年来我们的研究成果，主要基于在网络维度、交通渗流（傅博文、王飞龙）、故障相关性（江逸楠）、故障传播（赵吉昌）、故障自愈（刘超然）、故障的测量和预测（杨顺昆）等方面发表的期刊论文和硕士毕业论文。部分学生参与了本书的组织和撰写，他们是曾冠文、江逸楠、林元晟、张家全、郭澍、赵子龙，同时非常感谢我家人一直以来的支持和理解。

作者

目　录

第1章　概述 ··· 1

1.1　关键基础设施的网络特性 ··· 1

1.2　关键基础设施的可靠性挑战——级联失效 ····························· 4

1.3　级联失效研究的核心问题——故障传播 ································ 9

1.4　理解故障传播的三元关系 ·· 11

参考文献 ·· 13

第2章　关键基础设施网络的结构维度 ······································ 18

2.1　交通网络 ·· 18

2.2　电力网络 ·· 20

2.3　信息网络 ·· 25

2.4　网络的空间维度 ··· 27

2.5　网络维度与动力学的关系 ·· 31

参考文献 ·· 36

第3章　关键基础设施网络的流量特点 ······································ 47

3.1　交通网络的均衡与效率 ·· 47

3.2　网络渗流 ·· 49

3.3　交通的渗流组织 ··· 52

3.4　效率与渗流 ··· 61

  3.5 基于渗流理论的网络可靠性计算 ……………………………… 66

  参考文献 ……………………………………………………………… 77

第 4 章 关键基础设施网络的故障相关性 ………………………… 84

  4.1 关键基础设施网络的故障相关性 ………………………………… 84

  4.2 故障的相关网络 …………………………………………………… 93

  4.3 故障相关带来的网络脆弱性 ……………………………………… 97

  参考文献 …………………………………………………………… 102

第 5 章 关键基础设施网络的故障动态传播 ……………………… 109

  5.1 级联失效模型 ……………………………………………………… 109

    5.1.1 基于功能耦合的级联失效模型 …………………… 110

    5.1.2 基于结构耦合的级联失效模型 …………………… 120

  5.2 故障的传播速度 …………………………………………………… 129

  5.3 故障的传播与恢复 ………………………………………………… 135

  参考文献 …………………………………………………………… 139

第 6 章 关键基础设施网络的故障预测 …………………………… 146

  6.1 网络的可观性 ……………………………………………………… 147

    6.1.1 可观性定义 ………………………………………… 147

    6.1.2 网络可观性研究发展 ……………………………… 149

    6.1.3 介数优先的复杂网络可观性 ……………………… 153

  6.2 关键基础设施网络故障的预测方法 ……………………………… 165

  参考文献 …………………………………………………………… 175

第7章 关键基础设施网络的故障自愈 ································ 180
  7.1 网络级联失效的自愈 ··· 180
  7.2 基于全局级联失效的自愈模型 ································· 183
    7.2.1 模型 ··· 183
    7.2.2 仿真结果分析 ··· 185
    7.2.3 理论分析 ··· 191
    7.2.4 案例分析 ··· 197
  7.3 基于局域级联失效的自愈模型 ································· 199
    7.3.1 模型 ··· 200
    7.3.2 仿真结果分析 ··· 201
    7.3.3 案例分析 ··· 206

参考文献 ··· 208

第1章 概　　述

1.1　关键基础设施的网络特性

关键基础设施是提供国家运行服务必要的大型网络化复杂系统，被认为是国家经济和安全的骨干网络。关键基础设施可以通过子系统之间的物理连接组合起来，比如交通网络[1]就是由路段和交叉口形成的物理网络；也可以通过子系统之间信息的交互组织起来，比如互联网[2]就是由网页和超链接形成的；更可以通过子系统之间复杂的功能交互关系组织起来，比如军事作战体系、反恐体系[3]等。关键基础设施通过分布式的网络结构组织起来，不同层级间具有各异的管理和运行模式，系统元件在物理空间、信息空间和功能空间具有复杂的耦合关系[4~6]，内在联系呈现典型的网络化特征，使得这些关键基础设施具有前所未有的运行风险。

一方面，关键基础设施的运行时刻处在复杂的环境之下，受到各类外界扰动和内部故障的影响。2003年，美加电网由于其预警系统的一个软件故障（software bug）和一些线路在天气影响下与树接触而跳线，导致整个电网的级联失效，进而影响到水利供应、交通、通信等其他关键基础设施系统。2011年受东日本大地震影响，福岛第一核电站损毁极为严重，大量放射性物质泄漏到外部，同样造成了级联失效和较大损失。另一方面，关键基础设施系统不同程度上存在着安全漏洞和运行风险，极易遭到人为的恶意攻击[7]。2011年，震网病毒（Stuxnet）使伊朗的离心机运行失控，造成伊朗纳坦兹铀浓缩基地至少有1/5的离心机因感染该病毒而被迫关闭。2015年，乌克兰至少三个区域的电力系统遭到网络攻击，伊万诺-弗兰科夫斯克地区部分变电站的控制系统遭到破坏，造成大面积停电，电力中断3~6小时，约140万人受到影响。无论是地震、软件故障等随机扰动，或者是震网病毒、电网入侵等恶意攻击，无不体现了关键基础设施的脆弱性[8]。

关键基础设施对于国家的正常运行至关重要，相应研究一直比较活跃[9~15]，一些国家也都提出了各类保护计划。比如美国自从1996年开始就提出了大范围的关键基础设施保护计划（Critical Infrastructure Protection Program）。2014年，美国国家标准技术研究院（NIST）颁布了网络空间安全框架，该框架迅速成为了关于关键信息基础设施的保护指导原则。欧盟也于2006年提出了相应的关键基础设施保护计划（EPCIP）。

针对关键基础设施系统具有的内在网络特性，复杂网络理论非常适合对其进行抽象研究。在复杂网络研究中，节点代表实际复杂系统中的个体或组织，连边代表它们间的相互作用。

交通系统是由路段和交叉口组成的物理网络。从15世纪由"大航海时代"带来的地理大发现,到19世纪工业革命后铁路的大范围普及,到20世纪中叶汽车逐步融入人们的生产生活方式之中,再到如今各种各样的智能交通运输工具竞相发展,可以说每一次交通运输方式的变革都极大地加强了交通网络的广度和深度。现代社会中电力作为一种涉及国计民生的基础性资源,是保障社会和经济稳定运行的动力之源。电力网络,就是将电力系统的各个单元(发电、变电、用户等)抽象为节点、输电线路抽象为节点之间连边的网络。信息网络是开发利用信息资源和应用信息技术的基础,是信息传播、影响和作用的载体。信息网络中的点与边分别是终端节点和连接终端节点的各类链路。现代作战体系中,通过数据链(复杂网络的边),可以将地理上分散的部队、各种探测器和武器系统(复杂网络的点)联系在一起,构成立体分布、纵横交错的作战网络体系,联通所有作战单元,以实现信息共享,缩短决策时间,提高指挥效益。

关键基础设施的网络特性不仅体现在结构和功能上,更体现在其故障行为上。一个子系统的故障有可能导致其他子系统在物理上或信息上脱离整个体系,降低整个体系的效能。这些系统元素之间的故障耦合会形成复杂的网络关系,给系统带来意想不到的、具有"多米诺骨牌效应"的运行风险。对系统故障行为缺乏深刻理解将可能导致对整个系统运行风险的错误估计和灾难性后果[16]。

网络研究方法,是基于关键基础设施等复杂系统故障的内在网络化逻辑特点，针对系统的复杂性，分析其故障规律，从而建立复杂系统可靠性的基础理论和方法。通过考察复杂系统结构和功能之间的相互作用，透过多层次的研究视角来认识复杂系统故障的特有规律，是形成复杂系统可靠性技术能力的必由之路。针对关键基础设施系统必须吸收或者迅速从各类故障和灾害中恢复的可靠性和弹性需求，就要求网络研究必须从系统整体的角度出发，准确定位故障源头、正确评估故障趋势、精确预测故障传播、及时缓解故障扩大等。基于网络科学的关键基础设施可靠性研究，将围绕以上要求更加全面地揭示复杂系统的故障规律，帮助提高系统的弹性，达到对复杂系统运行风险的准确评估和对系统故障的有效控制，支撑关键基础设施自愈能力的形成。

1.2 关键基础设施的可靠性挑战——级联失效

关键基础设施是为保证国家经济、社会、军事、民生等的正常运转提供必需资源与服务的复杂系统[4,17]，可靠性一直是世界各国普遍关注的研究重点和热点。早在 1996 年，美国政府就成立了关键基础设施保护的总统顾问委员会（PCCIP）[18]。2002 年，美国国土安全部（DHS）将包括银行金融、公共安全、信息和通信、交通运输等在内的 13 种基础设施系统定义为美国的关键基础设施[19]。2003 年，白宫提出了关于关键基础设施和重要资产的物理保护的国家战略报告[20]。不同国家和地区对关键基础设施的定义和清单或许稍有不同，但对其可靠运行的重视是一致的。

关键基础设施系统一般规模庞大，且内部构件间普遍存在多方面的功能耦合，这些特性带来了前所未有的复杂性，使关键基础设施内在联系呈现典型的网络化特征。构件的故障会对关键基础设施网络产生怎样的影响？在内部故障或者外部扰动下，关键基础设施网络能够在多大程度上保证其基本运行？面对蓄意攻击或自然灾害，会给关键基础设施网络带来致命影响的脆弱点是什么？如何制定针对其故障的保护、缓解、优化等策略？

围绕这些问题，国内外学者对关键基础设施网络的可靠性和脆弱性展开了研究。传统可靠性的经典方法"故障树分析"被用于交通[21]、电力[22]等系统的脆弱性分析中。Brown 等人提出了新的双层规划模型（bilevel programming models）来帮助提高关键基础设施网络对蓄意攻击的可靠性，并将该模型应用于电力网络、地铁网络和航空网络[23]。Conrad 等人[13]利用包含离散事件仿真和基于流量仿真的网络仿真模型（N-SMART），在不同粒度下对电力网络、通信网络和紧急救援网络进行了仿真。更多学者考虑了各种关键基础设施网络的运行机制和特点，并针对具体的网络进行了可靠性研究，如交通运输网络[24~26]、电力网络[27,28]、能源网络[29]、通信网络[30,31]等。

值得注意的是，发生在关键基础设施网络局部的微小扰动，有可能引发"多米诺骨牌"式的级联反应，并在短时间内借助于网络内部复杂的功能和结构耦合关系传播到整个网络，最终造成灾难性后果[6]。这种现象被称为级联失效，如图 1-1 所示。电力网络、交通网络、金融系统等各类复杂系统，都曾发生过由于局部故障扰动的传播导致的全局性崩溃，最终造成灾难性的重大事故。例如，2003 年 8 月 14 日，美国俄亥俄州输电线路的局部故障引发级联的超载失效，最终造成了美国历史上最大的停电事故之一——美国东北部和加拿大东部大范围停电，受影响人数高达 5000 万人，造成了不可估量的经济损失。级联失效已经成为关键基础设施网络的主要故障模式及其可靠性的重要威胁。

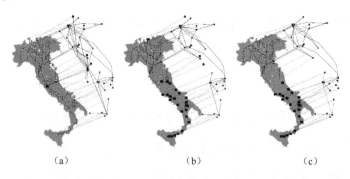

图 1-1 意大利大停电级联失效模型分析[6]

图中，（a）一个发电站失效被移除（在地图中标注为红色），同时导致它负责供电的互联网的一个节点失效（地图上方标注为红色）。而与这个节点直接连接的互联网上的其他节点将在下一个步骤失效（地图上方标注为绿色）。（b）上一步骤引起的额外节点的失效（地图上方标注为红色）会进一步引起它们控制的电站的失效（在地图中标注为红色）。同样，在下一步骤将失效的节点被标注为绿色。（c）相互耦合的节点不断发生级联失效。

级联失效的本质原因是系统内固有的复杂耦合关系。因此，按照对耦合关系考虑方式的不同，对级联失效的研究可以分为：隐性耦合的级联失效研究和显性耦合的级联失效研究。

（1）隐性耦合级联失效。在隐性耦合的级联失效中，故障间没有网络结构可见的或直接的因果关系，故障间的耦合关系一般通过初始故障后网络功能（比如流量）的重分布来隐性体现。具体表现为网络中的节点或边，都承担一定的初始流量负荷，当有节点或边发生故障时，网络上的流量需要重新分配，这种流量重分布行为有可能引发其他节点或边的过载，从而造成级联失效。当网络中的流量达到新的动态平衡后，故障传播停止。按照故障节点的影响范围，隐性耦合的级联失效模型可以分为局部影响模型和全局影响模型两种。在局部影响模型中，故障节点或边仅对近邻产生影响。所谓近邻，指的是有边直接相连的两个节点（也称为邻居节点）。这种情况下，故障通过局部影响传播，模型主要包括沙堆模型等。在全局影响模型中，故障节点会直接导致不相邻甚至距离很远的节点或边的故障，从而影响整个网络的故障状态。这种情况下，故障通过全局影响传播，模型主要包括 Motter-Lai 负荷容量模型、OPA 模型等。需要注意的是，故障间的耦合关系会随着网络状态而改变。

（2）显性耦合级联失效。在显性耦合的级联失效中，故障间具有网络结构可见的或直接的因果关系，故障间的耦合关系一般通过网络节点间的耦合边或耦合集团来显性体现。具体表现为当网络中的某些节点之间存在着超越了连接边之外的耦合关系时，如果其中一个节点发生故障，那么其他节点也因此失效。在这样的系统网络中，初始的节点故障有可能导致网络中节点脱离最大子团的渗流过程和功能依赖关系造成的耦合失效过程交替发生，从而引起系统的级联失效，级联失效过程如图1-2所示。

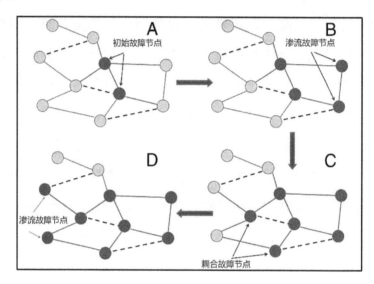

图1-2 级联失效过程示意图[32]

图中，网络展示了由于耦合边失效导致的级联失效过程。网络中包含了两种类型的边：连接边（图中实线）和耦合边（图中虚线）。（A）初始失效节点（标注为红色）。这些节点的失效会导致与它们直接相连的边也失效（标注为红色）。（B）连接边的失效会断开某些节点与最大子团之间的连接关系，导致这些节点也失效（标注为红色）。（C）与失效节点通过耦合边相连的节点也会进一步发生失效（标注为红色）。（D）下一步骤的连接边失效，重复（B）（C）过程。

　　传统的系统可靠性分析和计算方法比较适合处理独立性失效或弱相关失效问题，而以上描述的关键基础设施系统故障具有强相关的特点，如果应用现有可靠性手段去应对这类复杂系统的可靠性需求,将会遇到故障分析困难或可靠性计算的"指数爆炸"问题。这些困难实际上都说明了关键基础设施系统可靠性基础故障规律研究的缺乏。

1.3 级联失效研究的核心问题——故障传播

目前对级联失效的研究,主要集中在两个方面:一是结合网络结构的统计拓扑特性和级联失效模型,来探寻级联失效的临界条件与影响;二是结合实际复杂系统级联失效的实证数据,统计级联失效事故的影响规模、发生频率等,回归分析实际系统的运行风险。然而,基于现有的可靠性手段,现实中级联失效导致的重大事故依然没有减少,例如,统计显示美国电力网络发生大停电的频率十几年来从未降低。这种情况说明,现有级联失效研究侧重于对系统故障的静态分析能力,可以指导系统的可靠性设计过程,但由于系统运行环境中不确定性的各类扰动,仅通过可靠性设计不能有效地防止级联失效的发生,需要考虑整个寿命周期的系统故障行为。把研究重点放在级联失效自身的行为规律——故障传播上,可以支持在可靠性工程中形成对故障的实时预测和防护能力,更加有针对性地缓解每一次系统故障传播。

研究级联失效的核心问题在于是否可以认识故障在复杂系统中的传播规律。我们通过研究[33]发现,级联故障之间的相关性随着地理距离的增长缓慢衰减（幂律衰减），即展现了故障之间的空间长程相关性。关键基础设施系统中的元件故障，会引发距离较远的其他元件故障。这种故障传播的长程相关性具有普适性——不管是在交通拥堵、大停电，还是在采用的故障传播模型中都有体现，尽管交通系统与电力系统的运行、控制、管理机制差异巨大。从统计物理学上看，这些系统的故障过程可以认为是一种相变过程，从而使其级联失效的传播行为在临界点附近具有普适性。我们也发现级联故障的空间相关长度（即故障间保持正相关关系的距离）随系统故障程度的加深不断增大，直至临界点时达到最大值（北京市交通拥堵的最大相关距离约为五环的半径）。因此，若假设系统故障间是短程相关而对故障隔离投入大量的保护或维修资源，将无助于控制系统故障，甚至有可能会引发更大的系统级风险。

　　基础设施系统内存在的这些故障耦合关系，使其具有特殊的脆弱性。考虑到局部范围内的系统节点初始失效较为普遍，这代表了地震、海啸等自然灾害，或者是影响某一地理范围内所有网络或特定基础设施的蓄意攻击。数值模拟和理论分析的结果[34]都表明，对随机攻击而言，导致网络崩溃的最少故障节点数随网络规模的增大而线性增长；而对局部攻击而言，该数量却保持不变。这说明有限的局部攻击就会给存在空间约束的耦合网络带来较高的风险。

　　当合理选择参数，希望设计在局部攻击下具有鲁棒性的耦合网络时，需要考虑到因为可以引发系统崩溃所需要的临界局部攻击规模非常小（不随系统规模增加），不可预计的外界扰动或内在故障就有可能引发系统大规模的故障。加强对系统故障传播的实时预测和防护，结合可靠性设计，才能更有效地提高系统的可靠性。

1.4 理解故障传播的三元关系

负担物质、能量或信息运输功能的各类关键基础设施网络可以被抽象为带有空间属性的复杂网络（Spatial Networks）。理解关键基础设施系统的结构特点是对其进行可靠性研究的先决条件。我们针对空间网络的结构性质开展了系统研究，提出了刻画网络物理性质的空间维度概念，发现了空间网络的交叠结构特征，探索了网络维度与脆弱性的内在联系，初步理解了空间网络结构特点对网络故障行为的重要影响。维度作为在宏观上刻画系统结构与功能属性的基本物理量之一，一直未在复杂空间网络研究中得到准确定义和深入研究。我们以空间网络的分形结构为突破口，提出了维度的概念和测量方法，发现维度是理解网络传播、渗流等网络演化过程的重要指标之一。

围绕网络功能和故障之间的矛盾和联系深入分析，是研究网络故障规律的有效途径。传输各类流量是关键基础设施系统的主要功能之一。以往的研究主要集中在从宏观或微观的角度认识网络流量的组织，而在网络层面上一直鲜有研究。围绕流量在网络层次的运行规律，我们基于各类实际交通数据，提出了刻画城市交通流的可靠性指标，发现了城市交通的渗流组织形式，揭示了目标区域交通流的时空组织模式，发现了对于全局交通起到关键作用的瓶颈路段，以及这些瓶颈路段在不同时段的空间分布特点，初步理解了网络故障的内在成因。

诸如停电、交通拥堵等网络上的各类故障传播是网络整体崩溃的主要原因，理解故障的时空传播规律是建立网络故障预测和自愈能力的重要基础。以往研究主要关注了故障传播的临界性和其造成的故障规模等统计分析，较少涉及故障传播的空间路径和时序特点。围绕空间网络的故障行为，我们建立了网络过载故障（overloads）研究的理论分析模型，进行了故障规律的深度挖掘，揭示了网络故障传播的恒定速度，并发现给定容忍参数下不同空间网络上的故障传播具有相似的速度，以及建立了相应的理论分析方法。

在以上结果的基础上，我们将统计物理中的渗流理论与可靠性方法结合起来，建立了针对复杂网络的可靠性评价、故障预测和自愈方法，初步揭示了网络的故障规律。

在本书中，围绕故障规律的核心问题，从网络"结构-流量-故障"的三元关系入手，将相变理论、数据分析与可靠性方法相结合，从复杂网络微观和宏观的不同角度，对网络故障的网络媒介、内在原因和时空表现等基础问题和方法进行介绍。

参考文献

[1] Taylor M A P, D'Este G M. Transport network vulnerability: a method for diagnosis of critical locations in transport infrastructure systems[M]//Critical infrastructure. Springer Berlin Heidelberg, 2007: 9-30

[2] Condron S M. Getting it right: Protecting American critical infrastructure in cyberspace[J]. Harv. JL & Tech., 2006, 20: 403

[3] Shea D A. Critical infrastructure: Control systems and the terrorist threat[C]. LIBRARY OF CONGRESS WASHINGTON DC CONGRESSIONAL RESEARCH SERVICE, 2004

[4] Rinaldi S M, Peerenboom J P, Kelly T K. Identifying, understanding, and analyzing critical infrastructure interdependencies[J]. IEEE Control Systems, 2001, 21(6): 11-25

[5] Rinaldi S M. Modeling and simulating critical infrastructures and their interdependencies[C]//System sciences, 2004. Proceedings of the 37th annual Hawaii international conference on. IEEE, 2004: 8 pp

[6] Buldyrev S V, Parshani R, Paul G, et al. Catastrophic cascade of failures in interdependent networks[J]. Nature, 2010, 464(7291): 1025-1028

[7] 沈昌祥，张焕国，冯登国，等. 信息安全综述[J]. 中国科学:技术科学，2007，37(2):129-150

[8] Murray A T, Grubesic T H. Overview of reliability and vulnerability in critical infrastructure[M]//Critical Infrastructure. Springer Berlin Heidelberg, 2007: 1-8

[9] Brown G, Carlyle M, Salmerón J, et al. Defending critical infrastructure[J]. Interfaces, 2006, 36(6): 530-544

[10] Boin A, McConnell A. Preparing for critical infrastructure breakdowns: the limits of crisis management and the need for resilience[J]. Journal of Contingencies and Crisis Management, 2007, 15(1): 50-59

[11] Scaparra M P, Church R L. A bilevel mixed-integer program for critical infrastructure protection planning[J]. Computers & Operations Research, 2008, 35(6): 1905-1923

[12] De Bruijne M, Van Eeten M. Systems that should have failed: critical infrastructure protection in an institutionally fragmented environment[J]. Journal of contingencies and crisis management, 2007, 15(1): 18-29

[13] Conrad S H, LeClaire R J, O'Reilly G P, et al. Critical national infrastructure reliability modeling and analysis[J]. Bell Labs Technical Journal, 2006, 11(3): 57-71

[14] Ouyang M. Review on modeling and simulation of interdependent critical infrastructure systems[J]. Reliability

engineering & System safety, 2014, 121: 43-60

[15] Yusta J M, Correa G J, Lacal-Arántegui R. Methodologies and applications for critical infrastructure protection: State-of-the-art[J]. Energy Policy, 2011, 39(10): 6100-6119

[16] Zio E. Reliability engineering: Old problems and new challenges[J]. Reliability Engineering & System Safety, 2009, 94(2): 125-141

[17] 王飞跃，戴汝为，张嗣瀛，等. 关于城市交通、物流、生态综合发展的复杂系统研究方法[J]. 复杂系统与复杂性科学，2004

[18] The President's Commission on Critical Infrastructure Protection (PCCIP). Critical Foundations: Protecting America's Infrastructures. PCCIP, Washington, D.C., 1997

[19] Department of Homeland Security (DHS). National strategy for homeland security. http://www.whitehouse.gov/homeland/book/, 2002

[20] Bush G W. The national strategy for the physical protection of critical infrastructures and key assets[R]. EXECUTIVE OFFICE OF THE PRESIDENT WASHINGTON DC, 2003

[21] Vesely W E, Goldberg F F, Roberts N H, et al. Fault tree handbook[R]. Nuclear Regulatory Commission Washington DC, 1981

[22] Volkanovski A, Čepin M, Mavko B. Application of the fault tree analysis for assessment of power system reliability[J]. Reliability Engineering & System Safety, 2009, 94(6): 1116-1127

[23] Brown G G, Carlyle W M, Salmeron J, et al. Analyzing the Vulnerability of Critical Infrastructure to Attack and Planning Defenses[J]. Tutorials in Operations Research Informs, 2005:102--123

[24] Cassir C, Bell M G H, Schmöcker J D. The Network Reliability of Transport[J]. 2003

[25] Nicholson, A.J. and Dante, A. (eds.). 2004. Proceedings of the Second International Symposium on Transportation Network Reliability (INSTR04). Department of Civil Engineering, University of Canterbury, Christchurch, New Zealand

[26] Reggiani A. Network resilience for transport security: Some methodological considerations[J]. Transport Policy, 2013, 28(7):63-68

[27] Bier V M, Nagaraj A, Abhichandani V. Protection of simple series and parallel systems with components of different values[J]. Reliability Engineering & System Safety, 2005, 87(3): 315-323

[28] Moslehi K, Kumar R. A Reliability Perspective of the Smart Grid[J]. Smart Grid IEEE Transactions on, 2010, 1(1):57-64

[29] Augutis J, Jokšas B, Krikštolaitis R, et al. The assessment

technology of energy critical infrastructure[J]. Applied Energy, 2016, 162: 1494-1504

[30] Carlier J, Li Y, Lutton J. Reliability evaluation of large telecommunication networks[J]. Discrete Applied Mathematics, 1997, 76(1): 61-80

[31] Gertsbakh I B, Shpungin Y. Models of Network Reliability: Analysis, Combinatorics and Monte Carlo[J]. Quality Progress, 2010(2):68

[32] Parshani R, Buldyrev S V, Havlin S. Critical effect of dependency groups on the function of networks[J]. Proceedings of the National Academy of Sciences, 2011, 108(3): 1007-1010

[33] Daqing L, Yinan J, Rui K, et al. Spatial correlation analysis of cascading failures: congestions and blackouts[J]. Scientific reports, 2014, 4

[34] Berezin Y, Bashan A, Danziger M M, et al. Localized attacks on spatially embedded networks with dependencies[J]. Scientific reports, 2015, 5

第 2 章　关键基础设施网络的结构维度

关键基础设施网络的故障复杂性，首先来自于其结构特点。本章将主要介绍对关键基础设施网络结构特点中较为基础的属性之一——维度，进行刻画的方法和意义等。本章将首先介绍具体的关键基础设施网络如交通网络、电力网络、信息网络等的结构特点；接下来介绍如何刻画各类关键基础设施网络的空间维度，以及其对于包括渗流、随机行走等网络其他动力学过程的影响。

2.1　交通网络

复杂网络科学的兴起为研究交通问题提供了新的视角。分析交通网络的拓扑属性来研究交通问题的形成机理已经成为了交通可靠性的重要理论方法。与互联网、社交网络等这些网络不同，交通网络往往具有现实物理结构基础，因而在研究交通网络时,不仅仅需要考虑交通网络的拓扑特征,还需要考虑其所受的空间限制,其中空间限制具体体现在以下几个方面[1]。

(1) 节点的空间分布方式受地形因素影响。

(2) 节点的度有一定限制。

(3) 连接两个节点的边受距离成本因素限制。

就具体研究领域而言,关于交通网络结构的研究涉及城市道路网络、高速网络、轨道交通网络以及航空网络等。

城市道路网络方面,Crucitti 等人[2]提出了多种测量城市街道网络中心性的方法,发现自组织型城市会呈现出类似非空间网络的无标度性,而规划型城市则没有这一性质。Cardillo 等[3]则从全局和局域两个角度出发,研究了不同城市道路网络的性质。其中全局性质主要以网络全局效率和运行成本来衡量,而局域性质主要以网状系数(meshedness coefficient)和短环路(short cycles)数量来衡量。Colak[4]等人指出城市交通拥堵的原因在于出行者的"自利"行为会导致整个网络的效率不高。

高速道路网络方面,Saberi 和 Mahmassani[5]描述了高速路网的迟滞(hysteresis)现象及容量下降(capacity drop)现象。Chow[6]提出了一种高速网络管理的优化框架,其方法是匝道控制(ramp metering)和可变限速调控(variable speed limit)。Roncoli[7]等人则探究了在新的交通发展趋势下车辆装备自动驾驶系统(vehicle automation and communication system,VACS)时,提高高速路网运行效率的可行性。

轨道交通网络主要指地铁系统和铁路运输系统两类。地铁系统方面，Latora 等[8]基于波士顿地铁系统的实际数据，以网络效率分析该系统的一些网络性质，发现该地铁系统并不是小世界网络，依据网络效率的定义小世界网络应该同时具备较高的全局效率和局域效率，然而 Latora 发现波士顿地铁系统具有较高的全局效率和较低的局域效率。铁路运输系统方面，Sen 等[9]发现随着时间的发展，印度铁路运输网络的小世界性质越来越强，因为小世界性质的铁路网络能够大大降低旅行时间和旅行成本。而赵伟等[10]学者在分析了中国铁路客运系统之后，发现其有较大的平均聚集系数和较小的平均网络距离，并且该网络节点的度分布基本服从无标度幂律分布，因而它也是具有无标度性质的小世界网络。

航空网络方面，Guimera 等[11]指出全球航空网络应该是一个"无标度的小世界网络"，并且其中的度比较大的节点并不总是处于网络的"中心位置"。刘宏鲲等[12]学者在对中国城市航空网络进行实证研究和分析之后，得出中国城市航空网络是一个小世界网络的结论，即中国城市航空网络具有短的平均路径长度和大的聚集系数，同时其度分布服从双段幂律分布。但是，中国城市航空网络的度相关性以及层次都与北美航空网络不同。

2.2　电力网络

电力网络是关系国家经济社会安全的重大战略议题之一，

世界各国都将新一代高效、智能的电力网络列入经济发展战略中的优先发展重点。电力系统的主要功能是生产电能并将其输送给电力用户。电力系统包含发电厂、输电网、配电网和用户等主要组成部分，以及保证其安全可靠运行的继电保护装置、安全自动装置、调度自动化系统和电力通信等相应的辅助系统[13]。如图 2-1 所示，为美国能源部发布的报告中介绍的北美电力系统的基础结构[14]。图中红色部分为发电单元，它们将核能、煤炭、石油、天然气、风能等能源转化为电能，此时的电压在 10 000V～25 000V 之间。随后，通过变压设备将电压升高到 23 000V～765 000V 之间并传输至输电网，以减少输电线电力损失。图中蓝色部分为输电网，输电网是电力系统中电压等级最高的电网，起到电力系统骨架的作用，一般包含超高压（EHV）输电线和高压（HV）输电线。图中绿色部分为配电网，电力通过输电网传输后，由配电网将其从变电站降压分配给各级用户（图中黑色部分）。配电网一般按照地区划分，一个配电网担任分配一个地区的电力及向该地区供电的任务，不同地区的配电网之间通过输电网连通。

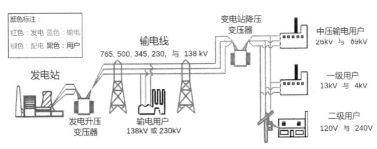

图 2-1 北美电力系统的基础结构图[14]

不同的电力系统之间通过输电线连接，形成更大的互连电力系统。此时，电力网络包含多个电力系统。图2-2所示为美国大陆地区的电力网络，它包含由超过500家公司运营的190 000公里输电线路。其中，不同颜色表示不同电压的输电线。

图2-2　美国大陆地区的电力网络[15]

智能电网（Smart Grid），是电力网络的一个新的发展方向和趋势。美国能源部在《Grid 2030：美国电力的第二个100年》中将智能电网定义为一个完全自动化的电力传输网络，能够监视和控制每个用户和电网节点，保证从电厂到终端用户整个输配电过程中所有节点之间的信息和电能的双向流动[16]。报告还提出实施规划，即到2020年美国将有超过50%的电力由智能电网传输，到2030年这一比例将达到100%。而在中国，智能电网也被称为"电网 2.0"。中国电力科学研究院将其定义为以物理电网为基础（中国的智能电网是以特高压电网为骨干网架、各电压等级电网协调发展的坚强电网为基础），将现代先进的传感测量技术、通信技术、信息技术、计算机技术和控制技术与物理电网高度集成而形成的新型电网[17]。智能电网的发展，伴随着电力网络规模的增长和各项技术的集成和交互，也对可靠性提出了更高的要求。

电网故障规模被发现具有较为特殊的统计特征。研究表明，北美、瑞典、挪威等多个国家和地区大停电的影响规模和发生概率之间的关系服从幂律分布，意味着大规模事故的发生频率远高于根据小规模事故的外推结果[18]。在电力网络可靠性的相关研究中，传统的电网安全性分析方法通过构造元件数学模型和系统微分方程组进行仿真分析。随着研究的不断深入，人们逐渐意识到大停电事故的发生与电力网络的固有结构特征有一定关系。

要解释电网大停电事故的成因及发展规律，评价电网结构的脆弱性以及搜索电力网络的薄弱环节，首要任务是从复杂网络角度对电网的拓扑结构进行建模。早期对电力网络进行复杂网络建模时，均将母线抽象为点，支路、变压器抽象为边（并联支路合并），从而将电力网络简单抽象为无向无权的拓扑模型[19~24]。在此基础上对电网的结构进行分析，得到的结果有一定指导意义。通过对中美地区的电力网络进行分析，发现大多数电网属于小世界网络[20]。然而并非所有的电力网络都具有无标度特性和小世界特性，国内的部分电网并不满足此特征[25,26]。

考虑到实际电网所存在的物理联系，近期的研究着眼于将电网的物理特性融入到复杂网络中，采用以支路阻抗[24,27,28]或结合发电机出力和潮流状态作为边的权重的模型[29,30]。目前有关电力网络建模还可以考虑更多电力网络的特有物理因素，例如已有研究主要对高压输电网进行建模，仅有极少数研究考虑低压或中压配电网[31~35]。

基于已有的研究成果，研究者们已经开始尝试去解释级联失效过程发生的机理，建立了电力网络的级联失效模型。OPA、CASCADE 模型等较多讨论了负载的再分配对系统可靠性的影响[36~38]。基于复杂网络的级联失效机制的研究则将更多级联失效的发生与电网拓扑结构特性联系在一起，探讨级联失效发生的内在结构原因。目前最常用的方法主要有 Crucitti 和 Latora 有效性能模型[39]。Motter-Lai 模型假设网络节点对之间会进行电流的交换并通过节点间的最短路径进行传输，因此用节点介数来定义其负荷，并通过拓扑改变引发的介数变化来模拟网络流量重分布的过程[40]。

对电网及其级联失效过程进行建模的主要目的之一，是建立电网脆弱性评价体系以及寻找关键控制支路和关键节点。目前电力网络用以衡量脆弱性的指标主要有，以平均最短路径为代表的连通性指标[24]，以失负荷比例为代表的脆弱性指标[41]，以及考虑潮流的电网输电效率指标[23]。此外，为了辨识电力网络中关键的支路或节点，网络中节点的介数通常作为衡量指标之一[21,22,24,27]。还有一些研究[28,30]考虑电网的结构和潮流状态识别出关键节点和支路。

2.3 信息网络

信息网络目前终端节点数量正在高速增长,并且实现了数据信息在不同类型终端节点之间的传输。信息网络有多种划分方法。按照地理位置划分,可以将信息网络分为局域网(LAN)、城域网(MAN)和广域网(WAN)。局域网一般限定在较小的区域内,小于 10km 的范围;城域网一般局限在一座城市的范围内,10~100km 的区域;广域网则跨越国界、洲界,甚至全球范围。按照传输介质划分,可以将信息网络分为有线网、光纤网和无线网。

作为典型的关键信息基础设施之一,互联网的大尺寸以及不断变化的文档和链接,使得通过商业搜索引擎来获得完整拓扑图这一方法受到严峻的挑战。Albert 等[42]人则构建了一个爬虫机器人,它将在文档中找到的所有 URL 添加到其数据库中,并递归地跟随这些 URL 以检索相关的文档和 URL,发现其入度和出度都具有幂律分布,其中出度的幂指数为 2.45,入度的幂指数为 2.1。采用 K-壳的分析方法[43],可以将 Internet 分为三个部分,即核、分形子团和树突状子团。因特网实际上也受到空间约束,其流量是高度局域化的,大部分流量发生在一个由路由中心和数据库组成的信息子网上[44]。

信息网络可靠性的研究始于 20 世纪 60 年代,并由于美国国防部高级研究计划管理局（ARPA）对 ARPANET 的投入而得到真正的关注和发展，主要方法是通过各类状态枚举的方法进行精确计算[45~47]。在计算网络可靠性时，往往遇到 NP-hard 问题，并采用各类简化手段进行分析和计算[48]。Abraham 等[49]利用布尔代数找到网络中的一对节点之间的通信概率，从而计算网络可靠性。具体而言，如果节点对之间的简单路径的布尔乘积互斥，则它们不相关联。Boudali H 等[50]提出了一种基于贝叶斯网络（BN）形式的新的可靠性建模和分析框架。具体而言，定义了离散时间中的贝叶斯网络（BN），并从建模和分析的角度展示了它的能力。Park[51]和 Bonacentura[52]介绍了一种基于传输时延的网络有效性指标和对于电路交换网和分组交换网的网络有效性指标。除了时延，为了更好地反映网络部件失效所引起的网络吞吐量的下降，Barberis[53]提出了网络吞吐量超过一个给定阈值 L 的概率。网络的抗毁性是指为了中断部分节点之间的通信需要破坏的最少节点数或链路数[54][55][56]。最早的通信网络生存性用连通概率来表示，近年来关于生存性的概念已经得到极大扩展，进一步考虑了网络的恢复能力，包括动态路由策略、故障维修和预防、冗余等，其意义甚至比可靠性概念更一般[57]。针对传统的基于概率论的计算机通信网络的生存性描述的不足，CAi Kai-Yuan 等提出了模糊可靠性和模糊生存性的概念[58]。

随着无线移动技术服务的发展，信息基础设施的弱点也被放大，故障不仅仅可以影响到当前的一般通信数据使用，还可能限制电子商务等新的需求[59]。无线传感器网络的可靠性模型的研究是从网络可靠性模型延伸而来的，利用图论和概率论作为研究工具[60]。Jangeun Jun 等人[61]研究了无线通信网络的容量问题，引入了瓶颈拥堵的概念。周强等[62]建立了基于任务的无线传感器网络可靠性模型，并给出了建模实例。Jason L. Cook 等人[63]将传统网络可靠性的两端可靠性分析手段应用在了无线通信网络上。姜禹等[64]通过网络效能的变化动态，利用 Weibull 函数表示故障率模型，建立了链路和节点效能的时变模型和时间效能模型。

2.4 网络的空间维度

物理中，维度通常被用来定义需要描述系统的最小坐标数量，因此必须是整数。而分形维度则衡量了系统随着空间线性尺度的增长关系，可以是分数。Benoit Mandelbrot[65]在他 1967 年发表的论文中，探讨了海岸线的分形维度。通常来讲，关键基础设施网络是嵌入在二维或者是三维空间里的。例如，航空网络、互联网以及电力网络是嵌在地球的二维表面（经纬度），而空天一体化通信网络则是嵌在三维结构中。网络可以看成是一种"实体—连接（节点—边）"的关系表达[66]。对于 d 维的 Lattice 网络，每一个节点只与它相邻的节点连接，因此该 Lattice 网络的维度与所属空间维度是一致的。然而在大多数情形下，网络总是存在一些长程边的，其维度定义也需要重新考量。关注系统的空间维度，是因为空间维度不仅可以帮助我们了解系统的结构特征，也是理解系统功能的重要途径，即系统动力学过程不同程度地都体现出其维度属性，如渗流过程以及随机行走等。本节将介绍在网络空间维度的定义及相关研究成果[80]。

对网络维度的研究来自于对于网络自相似性的探究。传统的观点认为，由于实际网络的"小世界"性质，网络的规模与网络的直径呈指数增长关系，实际网络应当不具有自相似性。然而，Song 等[67]人在验证了万维网、演员社交网络等拓扑网络数据之后，发现在不同的网络直径尺度上，网络都具有相同形式的结构模式，呈现出了自相似的特点，并由此提出了网络维度的概念。

网络的维度与网络的连接方式密切相关。最早对网络连接方式的研究主要考虑两种连边机制[68~72]，一种是短程连接，即每个节点只与和它附近的节点连接；另一种是随机连接，即任意两个节点对间的连接概率是一致的。在短程连接网络中，网络的维度与所属空间的维度是一致的；而在随机连接网络中，网络的维度没有上界。已有研究发现，短程连接和随机连接（无标度网络）的包含 N 个节点的网络中，任意两个节点的平均距离分别是 $\log N$[73]和 $\log\log N$[74,75]，呈现出一种"小世界"甚至是"极小世界"的特征。经典的随机网络包括 ER 模型以及近些年提出的 WS 模型和 BA 模型[76~79]。

但是，在现实生活中，许多实际网络系统并不属于这些类别。他们的连边长度分布函数呈现出一种"重尾"的幂律形式——$P(r)\sim r^{-\delta}$。例如，移动通信网络的边长度分布服从 $P(r)\sim r^{-2}$ 的形式，全球航空网络服从 $P(r)\sim r^{-3}$ 等。根据定义，对于短程网络和随机网络，其维度数分别为 $\delta=\infty$ 和 $\delta=0$。

我们提出了测定空间网络的维度的方法[80]，将空间网络的维度 d 定义如下，即

$$M \sim r^d \quad (2\text{-}1)$$

其中 r 表示超球体半径，M 表示网络在超球体半径范围内的质量（通常是节点数量）。为此，考虑如下过程，第一步，首先选定一个节点作为网络中的起点，然后选择与起点距离最近的节点（$l=1$）、次近的节点（$l=2$），…，如此重复；第二步，测量第 l 层内所有节点到起点的平均欧式距离 $r(l)$，以及第 l 层内所有节点的数量 $M(l)$。重复一、二步骤，然后取 $r(l)$ 和 $M(l)$ 平均值，找出两者之间的关系，根据式（2-1）确定空间维度数 d 的值。

工作[80]表明空间网络维度往往不同于其嵌入空间的维度。以嵌入空间的二维网络为例，其网络的边长度服从幂律分布，$P(r) \sim r^{-\delta}$，全球航空网络以及互联网是两个很好的服从该分布的例子，它们的参数值分别是 $\delta \approx 3$ 和 $\delta \approx 2.6$。边长分布指数 δ 在确定网络维度方面起着重要的作用。当 $\delta>4$ 时，空间网络的边长都比较小，其维度为 2，这一结果与嵌入空间的 Lattice 相同；当 $\delta<2$ 时，空间网络的维度不会受到其所在空间的维度限制，因而其维度值为无穷大；而当 $2<\delta<4$ 时，空间网络维度值随着 δ 的减小单调递增，其取值在 2 至无穷大之间。计算所得到的全球航空网络和互联网的维度值分别为 3 和 4.5 左右，与上述结论相一致。

尽管我们给出的网络其边长服从幂律分布，但对于边长不

服从幂律分布（例如，许多电网服从指数分布），我们的结论依然有参考价值。例如，部分服从指数分布的电网，其网络规模受到其边长的限制，具有与其所在空间具有相同的维度。在一定的条件下，我们还可以运用相同的原理，将结论从欧式空间推广到双曲几何空间中，如图 2-3 所示。

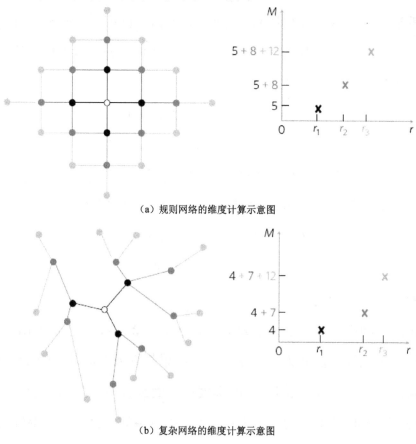

（a）规则网络的维度计算示意图

（b）复杂网络的维度计算示意图

图 2-3　网络空间维度计算示意图[80]

图中，从一个随机选择的节点出发（空心圆圈），每次衡量在以它为中心的第一层（黑点）、第二层（深灰点）、第三层（浅灰点）的壳内的节点数目 M，以及该层壳上的节点与中心节点的平均距离 r。通过重复选择中心节点进行计算取平均值以减小误差。

2.5 网络维度与动力学的关系

上一节介绍了网络维度的衡量方法（式（2-1）），本节将以此为基础，分析不同性质网络的空间维度的特点，以及网络维度与随机行走、渗流等动力学过程的关系[80,83]。

我们分析了两种不同类型的空间网络[80]，即服从泊松度分布的 ER 网络和服从幂律度分布的无标度网络，如图 2-4 所示。从图 2-4（a）、（b）可以看出，在双对数坐标下，空间网络的尺寸 $M(r)$ 随距离 r 的变化基本呈一条直线。根据式（2-1），这条直线的斜率就是网络的维度。有意思的是，网络的维度似乎主要受边长分布指数 δ 的影响（$P(r) \sim r^{-\delta}$），而与度分布的关系不是很大，体现了网络维度的普适性质[80]。

随机行走过程是一个时间序列，描述粒子或其代表的属性在一系列随机移动后的属性，被用来描述动物的搜寻食物过程、超弦理论、股票指数变动等。图 2-4（c）、（d）展示了网络维度对于诸如随机行走等物理过程中的重要作用。从图中可以看出，如果有一个扩散粒子在这样的网络中随机行走，那么假设在经过 t 个时间步长后，这个粒子能够回到最初起点位置的概率为 P_0，那么 P_0 应当满足如下标度关系[80]，即

$$P_0 \sim r^{-d} \tag{2-2}$$

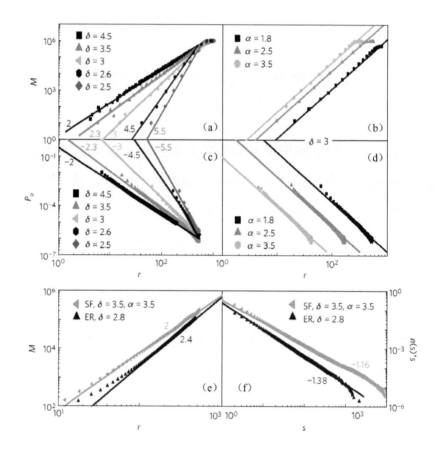

图 2-4 维度与随机行走和渗流的关系[80]

图中，(a) ER 网络中维度与边长指数 δ 的关系。(b) SF 网络中固定 δ 值，维度与度分布指数 α 的关系。(c) ER 网络不同 δ 下的随机行走距离分布。(d) SF 网络不同 α 下随机行走距离分布。(e) 给定参数的 SF 与 ER 网络在渗流临界点时的网络空间维度。(f) 给定参数的 SF 与 ER 网络在渗流临界点时的子团尺寸分布指数 τ。

其中，$r = r(t)$ 表示这个粒子在时间步长 t 时距离原点的位移的大小。对于式（2-2）的推导，首先假设这个扩散粒子在大小为 $V = r(t)^d$ 的空间任意一点位置的出现概率是相同的。在这一假设前提下，粒子出现在这一范围内任意位置的概率都是 $1/V$，这自然也包括出现在起点位置的情况，因此就导出了式（2-2）的标度关系。从图 2-4（c）、（d）中也可以看出，不管是哪种类型的空间网络，都满足这一基本关系式。随机行走过程中发现的维度，与我们直接测量的网络结构维度一致。

除了随机行走，网络的临界行为也深受网络维度的影响。我们以渗流这一临界现象为例来进行说明。渗流现象非常普遍，在石油勘探、传输性质、网络故障以及疾病传播方面都可以观察到（将在第 3 章中更详细地介绍渗流的性质）。在渗流过程中，网络中的一部分节点将不断地被删除，网络的全局连通性也将逐渐地减弱；当到达一个临界的删除比例时，网络的全局连通性完全消失，对应的网络中的巨分支将不复存在，而只存在若干不同尺寸（记子团尺寸为 s）的小分支[81]。根据渗流理论，在临界处的子团尺寸分布 $n(s)$ 总是满足幂律关系：$n(s) \sim s^{-\tau}$。这其中，指数 τ 满足[80]，即

$$\tau = 1 + \frac{d}{d_f} \tag{2-3}$$

是一个既和网络维度 d 有关，也和临界处各网络集团的分形维度 d_f 有关的参量[82]。图 2-4（e）和图 2-4（f）分别展示了两种代表性的网络在双对数坐标下，通过拟合直线的斜率得到 d_f 和 τ 的值。

在前面我们提到，影响网络维度主要因素之一是边长分布指数 δ。这里将对这一因素进行更为详细的分析。为此以一维的单链网络和二维的晶格网络为基础，研究了它们在空间约束条

件下的渗流性质[83]。在模型中，假设任意两点间形成长程连接的概率与两点间的距离之间的关系满足 $p(r) \sim r^{-\delta}$。我们发现，对于嵌入二维空间的网络，当 $2<\delta<4$ 时，网络的渗流属性表现出新的不同于平均场理论结果的特点，其临界指数与网络的距离指数 δ 有关；当 $\delta<2$ 时，渗流相变的特点与 ER 网络（平均场）的普适类特征相一致；而当 $\delta>4$ 时，渗流相变特征又与规则 Lattice 网络的普适类特征相似。另一方面，对于嵌入一维空间的网络，我们发现当 $\delta<1$ 时渗流相变与平均场下的结果一样；当 $1<\delta<2$ 时，临界指数依赖于网络的距离指数 δ；而当 $\delta<2$ 时，在规则线性链网上不会发生渗流相变现象。

如图 2-5 所示，可以看到，不管是哪一类网络，当 δ 增大时，渗流阈值将减小[83]。值得注意的是，对于嵌入二维空间的晶格网络，当 $\delta=4.5$ 时，$q_c=0.41$，这一结果与 Lattice 网络上的点渗流的阈值（$q_c=0.407$）十分接近；当 $\delta=1.5$ 时，$q_c=0.75$，这一结果又与 ER 网络上的推导结果（$q_c=1-1/\bar{k}$）十分相近。当 δ 较小的时候，意味着网络将包含更多的长程边，网络对于节点删除具有更高的鲁棒性，因此渗流阈值 q_c 也将增加[83]。

我们进一步通过子团尺寸分布来说明维度对于网络临界属性的影响。在临界点时，网络的子团尺寸服从幂律分布 $n(s) \sim s^{-\tau}$。如图 2-6 所示，对于嵌入空间的晶格网络，当 $\delta<2$ 时，我们得到的结果（$\tau=1.50+1=2.50$）与经典平均场理论结果 $\tau=2.5$ 相当吻合；而当 $\delta>4$ 时，我们得到的指数与二维 Lattice 网络的渗流结果 $\tau=2.05$ 相一致；在中间范围内，即 $2<\delta<4$ 时，τ 值会随着 δ

的变化而变化，这一新的特征是由于空间约束与长程连接的竞争作用共同造成的[83]。

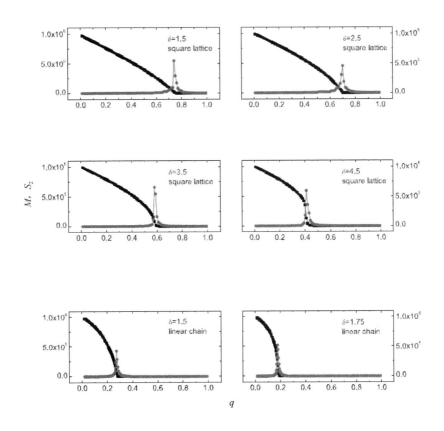

图 2-5 两类空间网络的渗流阈值和 δ 的关系[83]

图中，不同 δ 值下，最大子团尺寸 M（黑色）和次大子团尺寸 S_2 随着移除节点比例 q 的变化关系。为了方便对比我们的 S_2 值进行了重新调节。当 S_2 达到最大时的 q 值被定义为网络的渗流阈值，用 q_c 表示。对于晶格网络，当 $\delta=1.5, 2.5, 3.5$ 和 4.5 时，$q_c=0.75, 0.70, 0.60$ 和 0.41；对于单链网络，$\delta=1.5$ 和 1.75 时，$q_c=0.27$ 和 0.17。

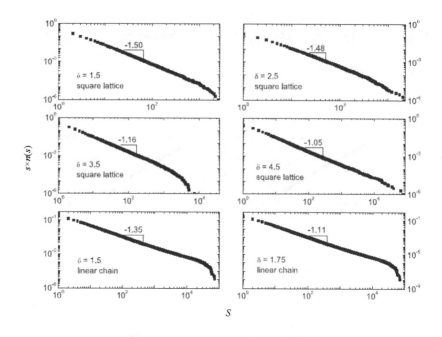

图 2-6　不同 δ 下的 s 乘以 $n(s)$ 的分布[83]

图中为不同 δ 值下子团尺寸分布的情况。对于晶格网络，当 δ=1.5，2.5，3.5 和 4.5 时，τ=-1.50，-1.48，-1.16，-1.05；对于单链网络，δ=1.5 和 1.75 时，τ=-1.35，-1.11。

参考文献

[1] Boccaletti S, Latora V, Moreno Y, et al. Complex networks: Structure and dynamics[J]. Physics reports, 2006, 424(4): 175-308

[2] Crucitti P, Latora V, Porta S. Centrality measures in spatial networks of urban streets[J]. Physical Review E, 2006, 73(3): 036125

[3] Cardillo A, Scellato S, Latora V, et al. Structural properties of planar graphs of urban street patterns[J]. Physical Review E,

2006, 73(6): 066107

[4] Çolak S, Lima A, González M C. Understanding congested travel in urban areas[J]. Nature communications, 2016, 7

[5] Saberi M, Mahmassani H. Hysteresis and capacity drop phenomena in freeway networks: empirical characterization and interpretation[J]. Transportation Research Record: Journal of the Transportation Research Board, 2013 (2391): 44-55

[6] Chow A H F. Optimisation of dynamic motorway traffic via a parsimonious and decentralised approach[J]. Transportation Research Part C: Emerging Technologies, 2015, 55: 69-84

[7] Roncoli C, Papageorgiou M, Papamichail I. Optimal control for multi-lane motorways in presence of vehicle automation and communication systems[J]. IFAC Proceedings Volumes, 2014, 47(3): 4178-4183

[8] Latora V, Marchiori M. Is the Boston subway a small-world network?[J]. Physica A: Statistical Mechanics and its Applications, 2002, 314(1): 109-113

[9] Sen P, Dasgupta S, Chatterjee A, et al. Small-world properties of the Indian railway network[J]. Physical Review E, 2003, 67(3): 036106

[10] 赵伟, 何红生, 林中材, 等. 中国铁路客运网网络性质的研究[J]. 物理学报, 2006, 55(8): 3906-3911

[11] Guimera R, Mossa S, Turtschi A, et al. The worldwide air

transportation network: Anomalous centrality, community structure, and cities' global roles[J]. Proceedings of the National Academy of Sciences, 2005, 102(22): 7794-7799

[12] 刘宏鲲, 周涛. 中国城市航空网络的实证研究与分析[J]. 物理学报, 2007, 56(1): 106-112

[13] 张炜. 电力系统分析[M]. 北京: 中国水利水电出版社, 1999

[14] US-Canada Power System Outage Task Force, Abraham S, Dhaliwal H, et al. Final report on the August 14, 2003 blackout in the United states and Canada: causes and recommendations[M]. US-Canada Power System Outage Task Force, 2004

[15] Rolypolyman, Data Source: FEMA via NREL

[16] DOE U S. Grid 2030: A national vision for electricity's second 100 years[J]. US DOE Report, 2003

[17] 肖世杰. 构建中国智能电网技术思考[J]. 电力系统自动化, 2009, 33(9):1-4

[18] Dobson I, Carreras B A, Lynch V E, et al. Complex systems analysis of series of blackouts: Cascading failure, critical points, and self-organization[J]. Chaos: An Interdisciplinary Journal of Nonlinear Science, 2007, 17(2): 026103

[19] Crucitti P, Latora V, Marchiori M. A topological analysis of the Italian electric power grid[J]. Physica A: Statistical mechanics and its applications, 2004, 338(1): 92-97

[20] Zhongwei M, Zongxiang L, Jingyan S. Comparison analysis of the small-world topological model of Chinese and American power grids[J]. Automation of Electric Power Systems, 2004, 15: 004

[21] Zongxiang L, Zhongwei M, Shuangxi Z. Cascading failure analysis of bulk power system using small-world network model[C]//Probabilistic Methods Applied to Power Systems, 2004 International Conference on. IEEE, 2004: 635-640

[22] Albert R, Albert I, Nakarado G L. Structural vulnerability of the North American power grid[J]. Physical review E, 2004, 69(2): 025103

[23] Kinney R, Crucitti P, Albert R, et al. Modeling cascading failures in the North American power grid[J]. The European Physical Journal B-Condensed Matter and Complex Systems, 2005, 46(1): 101-107

[24] Ding M, Han P. Reliability assessment to large-scale power grid based on small-world topological model[C]//2006 International Conference on Power System Technology. IEEE, 2006: 1-5

[25] 蔡泽祥，王星华，任晓娜. 复杂网络理论及其在电力系统中的应用研究综述[J]. 电网技术，2012 (11): 114-121

[26] 陈洁，许田，何大韧. 中国电力网的复杂网络共性[J]. 科技导报，2004，22(0404): 11-14

[27] Chen X, Sun K, Cao Y, et al. Identification of vulnerable lines in power grid based on complex network theory[C]//Power Engineering Society General Meeting, 2007. IEEE. IEEE, 2007: 1-6

[28] Ding M, Han P. Vulnerability assessment to small-world power grid based on weighted topological model[J]. PROCEEDINGS-CHINESE SOCIETY OF ELECTRICAL ENGINEERING, 2008, 28(10): 20

[29] Wei Z B, Liu J Y, Li J, et al. Vulnerability analysis of electric power network under a directed-weighted topological model based on the PQ networks decomposition[J]. Power System Protection and Control, 2010, 24

[30] Wei Z, Liu J, Zhu G, et al. A New Integrative Vulnerability Evaluation Model to Power Grid Based on Running State and Structure[J]. Automation of Electric Power Systems, 2009, 8: 11-14

[31] Pagani G A, Aiello M. Towards decentralization: A topological investigation of the medium and low voltage grids[J]. IEEE Transactions on Smart Grid, 2011, 2(3): 538-547

[32] Chassin D P, Posse C. Evaluating North American electric grid reliability using the Barabási–Albert network model[J]. Physica A: Statistical Mechanics and its Applications, 2005, 355(2): 667-677

[33] Holmgren Å J. Using graph models to analyze the vulnerability of electric power networks[J]. Risk analysis, 2006,

26(4): 955-969

[34] Mei S, Zhang X, Cao M. Power grid complexity[M]. Springer Science & Business Media, 2011

[35] Rosas-Casals M. Power grids as complex networks: topology and fragility[C]//Complexity in Engineering, 2010. COMPENG'10. IEEE, 2010: 21-26

[36] Carreras B A, Lynch V E, Dobson I, et al. Complex dynamics of blackouts in power transmission systems[J]. Chaos: An Interdisciplinary Journal of Nonlinear Science, 2004, 14(3): 643-652

[37] Dobson I, Carreras B A, Newman D E. A loading-dependent model of probabilistic cascading failure[J]. Probability in the Engineering and Informational Sciences, 2005, 19(01): 15-32

[38] Zio E, Sansavini G. Modeling failure cascades in networks systems due to distributed random disturbances and targeted intentional attacks[C]//Proceeding of the European Safety and Reliability Conference (ESREL 2008). 2008

[39] Crucitti P, Latora V, Marchiori M. Model for cascading failures in complex networks[J]. Physical Review E, 2004, 69(4): 045104

[40] Motter A E, Lai Y-C. Cascade-based attacks on complex networks[J]. Physical Review E, 2002, 66(6): 065102

[41] Guohua Z, Ce W, Jianhua Z, et al. Vulnerability assessment of bulk power grid based on complex network theory[C]//Electric Utility Deregulation and Restructuring and Power Technologies, 2008. DRPT 2008. Third International Conference on. IEEE, 2008: 1554-1558

[42] Albert R, Jeong H. Internet: Diameter of the World-Wide Web[J]. Nature, 1999, 401(6):130-131

[43] Carmi S, Havlin S, Kirkpatrick S, et al. A model of Internet topology using k-shell decomposition[J]. Proceedings of the National Academy of Sciences, 2007, 104(27): 11150-11154

[44] Barthelemy M, Gondran B, Guichard E. Spatial structure of the internet traffic[J]. Physica A: statistical mechanics and its applications, 2003, 319: 633-642

[45] Colbourn C J, Colbourn C J. The combinatorics of network reliability[M]. New York: Oxford University Press, 1987

[46] Ball M O. Computational complexity of network reliability analysis: An overview[J]. IEEE Transactions on Reliability, 1986, 35(3): 230-239

[47] Ball M O, Colbourn C J, Provan J S. Network reliability[J]. Handbooks in operations research and management science, 1995, 7: 673-762

[48] Ball M O. Complexity of network reliability computations[J]. Networks, 1980, 10(2): 153-165

[49] Abraham J A. An Improved Algorithm for Network Reliability[J]. IEEE Transactions on Reliability, 1979, R-28(1): 58-61

[50] Boudali H, Dugan J B. A discrete-time Bayesian network reliability modeling and analysis framework[J]. Reliability Engineering & System Safety, 2005, 87(3): 337-349

[51] Park Y J, Tanaka S. Reliability evaluation of a network with delay[J]. IEEE Transactions on Reliability, 1979, 28(4): 320-324

[52] Bonaventura V, Cacopardi S, Decina M, et al. Service availability of communication networks[C]//Proceedings 1980 National Telecommunication Conference. 1980

[53] Barberis G, Mazzei U. Traffic-based criteria for reliability and availability analysis of computer networks[C]//Proc. IEEE ICC. 1977, 77: 133-138

[54] Frank H, Frisch I. Analysis and design of survivable networks[J]. IEEE Transactions on Communication Technology, 1970, 18(5): 501-519

[55] Wilkov R S. Design of computer networks based on a new reliability measure[C]//Symposium on Computer-Communications Networks and Teletraffic. 1972: 371-384

[56] Boesch F, Thomas R. On graphs of invulnerable communication nets[J]. IEEE Transactions on Circuit Theory, 1970,

17(2): 183-192

[57] Kyandoghere K. Survivability performance analysis of rerouting strategies in an ATM/VP DCS survivable mesh network[J]. ACM SIGCOMM Computer Communication Review, 1998, 28(5): 22-49

[58] Kai-Yuan C, Chuan-Yuan W, Ming-Lian Z. Survivability index for CCNs: a measure of fuzzy reliability[J]. Reliability Engineering & System Safety, 1991, 33(1): 71-99

[59] Snow A P, Varshney U, Malloy A D. Reliability and Survivability of Wireless and Mobile Networks[J]. Computer, 2000, 33(7):49-55

[60] 朱晓娟，陆阳，邱述威，官骏鸣. 无线传感器网络数据传输可靠性研究综述[J]. 《计算机科学》2013，40(9):1-7

[61] Jun J, Sichitiu M L. The nominal capacity of wireless mesh networks[J]. IEEE Wireless Communications, 2003, 10(5): 8-14

[62] 周强，杜毓青，熊华钢. 无线传感器网络可靠性建模研[J]. 兵工学报，2008，29(9):1063-1068

[63] Cook J L, Ramirez-Marquez J E. Two-terminal reliability analyses for a mobile ad hoc wireless network[J]. Reliability Engineering [?] System Safety, 2007, 92(6):821-829

[64] 姜禹，胡爱群. 基于效能分析的网络可靠性评估模型[J]. 东南大学学报：自然科学版，2012，42(4):599-603

[65] Mandelbrot B B. How long is the coast of Britain[J]. Science, 1967, 156(3775): 636-638

[66] Albert-Laszlo B. Linked: the new science of networks[J]. 2002

[67] Song C, Havlin S, Makse H A. Self-similarity of complex networks[J]. Nature, 2005, 433(7024): 392-395

[68] Albert R, Barabási A L. Statistical mechanics of complex networks[J]. Reviews of modern physics, 2002, 74(1): 47

[69] Newman M E J. The structure and function of complex networks[J]. SIAM review, 2003, 45(2): 167-256

[70] Boccaletti S, Latora V, Moreno Y, et al. Complex networks: Structure and dynamics[J]. Physics reports, 2006, 424(4): 175-308

[71] Dorogovtsev S N, Goltsev A V, Mendes J F F. Critical phenomena in complex networks[J]. Reviews of Modern Physics, 2008, 80(4): 1275

[72] Barrat A, Barthelemy M, Vespignani A. Dynamical processes on complex networks[M]. Cambridge University Press, 2008

[73] Cohen R, Havlin S. Complex networks: structure, robustness and function[M]. Cambridge University Press, 2010

[74] Bollobás B, Riordan O. The diameter of a scale-free random graph[J]. Combinatorica, 2004, 24(1): 5-34

[75] Cohen R, Havlin S. Scale-free networks are ultrasmall[J]. Physical review letters, 2003, 90(5): 058701

[76] Erdös P, Rényi A. On the evolution of random graphs[J]. Publ. Math. Inst. Hungar. Acad. Sci, 1960, 5: 17-61

[77] Bollobás B. Random Graphs. 1985[J]. Academic, London, 1985

[78] Watts D J, Strogatz S H. Collective dynamics of 'small-world' networks[J]. nature, 1998, 393(6684): 440-442

[79] Barabási A L, Albert R. Emergence of scaling in random networks[J]. science, 1999, 286(5439): 509-512

[80] Daqing L, Kosmidis K, Bunde A, et al. Dimension of spatially embedded networks[J]. Nature Physics, 2011, 7(6): 481-484

[81] Newman M. Networks: an introduction[M]. Oxford university press, 2010

[82] Fractals and disordered systems[M]. Springer Science & Business Media, 2012

[83] Li D, Li G, Kosmidis K, et al. Percolation of spatially constraint networks[J]. EPL (Europhysics Letters), 2011, 93(6): 68004

第 3 章　关键基础设施网络的流量特点

本章将以交通网络为例分析关键基础设施网络上的流量特点。在交通网络的需求和供给达到平衡的过程中，城市交通网络的流量分布是动态变化的。在拥堵过程中，网络交通流从一个城市范围的整体流量分裂成多个孤立的局域流。城市交通流的组织可以看作一种渗流过程，渗流相变点标志了城市交通以一定速度要求提供服务的能力。相比从用户的角度提出的交通可靠性评估方法，渗流分析方法提供了一种从网络管理者的角度评估城市交通运行可靠性的可能。而我们所发现连接不同局域城市交通流子团的瓶颈道路在不同时段具有不同的时空分布，并且不同于已有的网络结构静态分析找到的瓶颈道路。

3.1　交通网络的均衡与效率

城市交通网络上的流量可以视为交通系统的需求，而城市的道路容量可以看作城市交通的供给。当交通需求大于供给时，就容易导致交通拥堵，使得交通网络的效率下降。对于一条容量固定的道路而言，当车流增大时该道路会由于拥挤作用而对新进的车辆产生更大的"阻抗作用"。而研究交通网络各条道路上的需求和对应的供给问题称为"配流问题"[1]。

在实际交通中，出行者总是力图选择从起点到目的地之间旅行时间最小的路径作为出行路径。但各个路段能承受的最大流量是有限的，因此各路段的旅行时间也会随着选择它的出行者的增多而加大。当其流量达到一定值时，后来的出行者往往就会选择其他路径作为替代。当所有的出行者都无法通过改变其路径选择来降低其旅行时间时，此时系统达到一种稳定的状态。这一稳定状态就是用户均衡（User Equilibrium，UE）状态。

在用户均衡状态下，所有的出行者都是基于自己的利益来选择最小旅行时间的路径，每个人的出行策略对于其自身而言是最优的，但是对于整个网络上的所有路径而言不一定都能达到最优利用率。从效率的角度看这一点也很容易理解，因为每个出行者都偏向于选择"较优"的路径，所以整个网络上的路径并没有被充分利用起来——有些路径使用比较频繁，而有些路径甚至于被"弃用"。相比于每个出行者个体，城市交通的管理者往往更看重网络整体效率而不是个体效率，即城市管理者追求的是网络总旅行时间达到最优值。交通网络总旅行时间达到最小的状态被称为系统最优（System Optimization，SO）状态。

对上述两个优化问题进行求解，会发现当网络拥挤程度很低时，UE 和 SO 的解会很接近，说明不进行整体调度依然可以保证网络具有较高的效率；当交通流量比较大时，交通拥堵明显，UE 解和 SO 的解的差别就将体现出来。理论解得 UE 和 SO 在拥堵呈线性增长时的最大差值为 1/3[2]，即 UE 状态相对于 SO 状态，整个网络最大要多花费 1/3 的总旅行时间。因此，需要交通管理者的整体调度，让交通流网络从 UE 状态向 SO 状态方向移动，才能维持较高的网络整体效率。

3.2 网络渗流

渗流理论最早是用于研究网络上流体渗透的理论工具[3,4]。对于一个网络，渗流通常包括点渗流与边渗流两种情况[3,4]。点渗流是指在网络中以一定方式去除一定比例的顶点，以及与这些顶点相连的边。边渗流则指的是在网络中以一定方式去除一部分边。这两种渗流都可以用一个参数（占有概率）描述：p 表示一个顶点（或边）仍然存在的概率。这种过程在很多实际网络系统中可能对应着来自外部的对节点的攻击，或者来自节点内部的故障。在去除顶点（或边）之后，剩余网络"最大了团"的规模被用来作为衡量网络受到攻击后在多大程度上能维持其功能的指标[3,4]。一般来说，剩余网络是由多个互不相连的"子团"构成，通常我们会关注其中尺寸最大的子团（称为"最大子团"）的性质，即如果一个网络在被去除掉一部分顶点（或边）

之后仍具有最大子团，就意味着剩余网络中大部分顶点仍保持连通。

对于一个给定网络的点渗流或者边渗流，当占有概率 p 从 0 开始变大时，网络的最大子团会在某个临界概率值 p_c 处出现，其在整个网络中所占的比例将随占有概率的增长而继续变大。这一过程称为渗流相变，临界点就是渗流相变点[3,4]。对于单个网络，在大多数情况下，在 p_c 处最大子团的大小从零开始连续地增大。此类相变称为二级相变。p_c 的大小可以用作衡量原网络针对某种攻击或故障的鲁棒性的指标：p_c 越小，即需要去掉更多的顶点（或边）才能使最大子团消失，从而表明网络更为鲁棒。

在研究单个网络的渗流性质时，经常考虑的是完全随机的节点或边的删除方式，或按照某种重要程度排序的删除方式[3,4]。以点渗流为例，前者是指从网络中完全随机地去掉一定比例的顶点。后者一般是指按照某种定义好的次序（例如按照顶点的连边数量由多至少）去掉一定比例的顶点。完全随机的去除方式在现实中主要可以与网络系统中节点的随机故障相联系，而按照顶点重要程度的去除方式则适合反映现实网络节点受到蓄意的外部攻击。

对于随机网络模型，当已知网络具有某种给定的度分布时，网络的最大子团规模可以借助度分布的概率生成函数来理论求解，从而得到整个渗流相变曲线，以及相变点的位置[3~5]。在这些随机网络模型中，最常用的两种是 Erdős–Rényi（ER）网络和无标度（SF）网络。在 ER 模型中，每一对顶点之间都以一个固定的概率产生连边。于是 ER 网络具有比较同质的网络结构，其度分布是泊松分布。而 SF 网络的度分布是幂律的，具有非常异质的网络结构。很多实际网络系统都表现出接近于 SF 网络的结构性质。例如，互联网的拓扑结构就大致是指数为 2.5 的 SF 网络[6]。

单个网络的渗流是研究渗流问题的基础，然而现实中许多关键基础设施系统是远比单个网络系统更为复杂的。这是因为这些复杂系统常常是由多个单网络系统耦合形成的，因而对多层耦合网络系统进行研究将更加具有实际意义。相比于单个网络的渗流，多层网络的渗流问题又呈现出了一些新的性质。Buldyrev 等人[7]探讨了耦合网络特有的一阶相变崩溃，并建立了理论分析的框架。Gao 等[8]探讨了多层网络渗流问题的分析建模方法，指出单层网络系统中得到的渗流理论结果可以看成是多层网络系统在网络层数 n 等于 1 时的特殊情况。也就是说当网络层数 $n=1$ 时，系统是单层网络，对应的系统渗流相变将是二阶相变；而当 $n>1$ 时，系统是多层网络，系统的相变方式将可能变化为一阶相变。Gao 等[8]还给出了三种基本拓扑结构对应的多层网络系统，并求得各自的解析结果。这三种系统分别是：树形多层网络系统，星形多层网络系统和环形多层网络系统。

对于树形和星形多层网络系统而言，网络中存在最大连通集团的概率为

$$P_\infty = p[1-\exp(-\bar{k}P_\infty)]^n \quad (3\text{-}1)$$

这意味着，随着网络层数 n 的增大或者平均度值 $\bar{k}$ 的减小，可以解出系统的临界阈值 p_c 也会增大，系统的鲁棒性将降低。

而对于环形多层网络系统而言，假设网络中各个子网络系统的平均度相同，每个网络移除相同比例（$1-p$）的节点，可以得到

$$P_\infty = p[1-\exp(-\bar{k}P_\infty)](qP_\infty - q + 1) \qquad (3-2)$$

式中 q 表示环形网络系统中第 $i+1$ 个网络依赖于第 i 个网络的节点比例。研究发现，和前两种系统不同，环形多层网络系统的鲁棒性与网络的层数 n 无关。

总而言之，对网络渗流的研究将有利于我们分析系统的临界性质，帮助我们理解网络的故障机理。

3.3 交通的渗流组织

基于渗流理论，本节主要介绍交通流网络的渗流组织过程，并从网络的角度分析了交通中的瓶颈道路问题[9,10]。城市交通系统是人类的日常活动中不可或缺的一项关键基础设施，但是当交通系统发生拥堵时，会给社会经济带来巨大损失，给人们的日常出行带来额外的时间负担。以北京市为例，2013 年《中国经济大调查》显示北京每人每天平均拥堵时长近 2 个小时，因为交通拥堵造成的损失超过 700 亿元。交通拥堵的过程也即全局交通流分裂为局域交通流的过程，这一过程可以看成一种相

变过程。通过对交通相变——从自由流到严重拥堵态——现象的研究，结合实际交通数据分析，可以发现城市级别的全局交通是如何动态地由不同的局部交通流组成的。这一组织过程类似上一节描述的渗流过程，因此被称为交通渗流。交通渗流描述了具有城市规模的交通流瓦解为局部交通流这一过程的网络表现。

对包括交通相变特征在内的交通动力学[11~17]的传统研究方法主要集中在两个尺度，即宏观和微观。宏观研究借助空气动力学或流体动力学理论来研究交通流，例如三相交通流理论[18]、宏观基本图[19]等；而微观研究致力于理解个体车辆之间的交互作用，并借此来捕捉它们的动力学行为，例如车辆跟驰模型[20]、元胞自动机模型[21]等。但是，网络尺度上全局交通流是如何瓦解为局部交通流的，目前还不十分清楚。实际上，如果缺乏对局部拥堵作用以及它们对宏观系统影响的理解，不恰当地操作治理反而可能使交通系统整体遭受危害。例如，著名的 Braess 悖论就指出，在个人独立选择路径的情况下，为某路网增加额外的通行能力，反而会导致整个路网的整体运行水平降低的情况。

我们基于北京市中心区域的实际交通数据信息，发现交通网络在渗流组织过程呈现出明显的由全局流社团分裂成局部流社团的组织特点[10]。为了具体分析这一过程，我们从实际数据中抽象出交通网络各个路段的速度信息，并按一定的规则将这些速度值进行归一化处理得到一个相对速度值，设为 r_{ij}。注意到在交通网络中，边的方向代表着不同方向的道路，不同方向的边具有不同的实际意义，因而在拓扑中必须考虑边的有向性。

也就是说，r_{ij} 的值和 r_{ji} 的值是不同的，需要分别对待。我们通过给定的阈值 q 来判断每条有向边在交通流网络中的有效性[9][10]，用 e_{ij} 来表示。如果 $r_{ij} > q$，则表示该道路能够满足运行功能（$e_{ij}=1$）；否则，如果 $r_{ij} < q$，则表示该道路不能达到运行需求，也就是说该道路发生了拥堵 $e_{ij}=0$。至此，我们可以根据每条道路的状态（$e_{ij}=1\ or\ 0$）来构建动态交通流网络，在这个动态交通流网络中，有效的边（$e_{ij}=1$）将被保留下来，而无效的边（$e_{ij}=0$）将被删除。可以知道，每给定一个阈值 q，就可以得到一个对应的动态交通流网络，并且这个动态交通流网络将随着 q 值的增加而变得越来越稀疏。

我们可以通过控制 q 值的大小来观察在交通流的组织过程中，全局交通流和局域交通流的相变现象。当 $q=0$ 时，交通流网络和交通路网在拓扑结构上是一致的，这时的交通流是网络全局性的，但交通服务水平的要求也是最低的；而当 $q=1$（服务水平要求最高）时，交通流网络则处于完全碎裂的状态。在这个范围内，对于每一个给定的 q 值，交通流网络会呈现出不同程度大小的功能集团。这些功能集团内部的道路都具有较高的速度值；而集团与集团之间的连接道路则具有较低的速度，不同功能集团之间的地点无法以 q 的速度水平自由通行。

在 q 从 0 到 1 的变化过程中，必然存在一个特定的值 q_c，当 q 值小于 q_c 时，交通流网络中包含最大连通集团（Giant Component），网络依然具有全局连通性，可以认为网络此时处于畅通状态；当 q 值大于 q_c 时，交通流网络已经失去了全局连通性，只保留了局部连通性。因此，q_c值反映了出行者要穿行整体网络范围时可以达到的最大有效速度，从网络的角度反映了交通流的全局效率[9,10]。也就是说，我们可以把q_c值作为衡量交通网络运行的可靠性指标。

渗流临界值会随着时间的推移发生变化，反映了不同时段的交通组织效率是不同的。图 3-1 反映了在工作日和双休日期间的变化趋势图，可以发现二者变化曲线的明显不同。工作日会有两个交通高峰，在早高峰时整个交通的服务水平小于最大值的 20%；周末时交通只有一个高峰，大概出现在 15：00 前后。

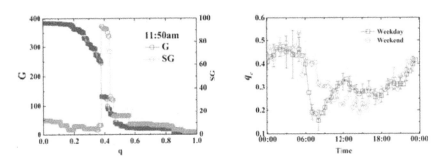

图 3-1 北京中心区域渗流临界值[10]

图中，（左）北京中心区域 2013 年 3 月 27 日 11:50am 最大子团和次大子团的变化趋势；（右）北京中心区域工作日与双休日渗流临界值随时间的变化趋势。

接下来我们进一步分析局域流量集团之间的连接道路。1969 年，诺贝尔经济学奖获得者 Vickrey 提出了著名的交通瓶颈模型[22]，是最早用确定性排队理论对存在瓶颈的路段，研究出行者出行时间的模型。该模型是一种基于交通瓶颈的动态交通分配模型，在模型中，N 个相同的通勤者，每天早晨都会从住宿地 O 前往工作地 D，假设连接 O、D 之间的道路仅有一条，而且存在着通行能力为 S 辆/单位时间的瓶颈路段，道路其余各处有着足够大的通行能力。如果瓶颈处到达的车辆超过 S 时，瓶颈路段就会发生排队现象。

目前，对于交通瓶颈的研究主要集中在对典型瓶颈处的车流进行建模分析。Daganzo 等提出了描述道路交汇处的车流特征的模型[23]；Newell 则基于排队模型模拟了高速路上的拥堵排队现象[24]；之后，Gazis 以及 Newell 建立了描述动态瓶颈的模型[25~26]；国内学者吴子啸、黄海军等以经典瓶颈模型为基础，提出了道路使用的动态收费策略，对进一步扩展瓶颈模型做了有关探讨[27]；肖玲玲、黄海军、田丽君等还提出了考虑异质出行者的随机瓶颈模型，使模型结果更具有实际应用意义[28]。这些工作主要针对的是交通瓶颈的微观特征，考虑的是这些瓶颈的存在对单一道路或局部交通状况的影响。毋庸置疑，这些研究对于交通瓶颈处的道路规划、车流组织引导以及交通事故疏导管理提供了重要的实际指导。我们的工作主要从网络整体的角度对网络瓶颈做出了定义[9,10]。不同于将网络中交通状况最糟糕的路段或是经常发生拥堵的路段作为交通瓶颈，在我们的研究中，认为交通瓶颈指的是会对整个交通渗流造成直接影响的路段。

基于渗流理论，发现网络在渗流临界点具有非常稀疏的结构，这一结构可以看作原网络的"主干"[10]。这个主干网络常常起到连接不同交通流功能集团的重要作用。因此，在主干网络中速度比较低的道路就可以认为是整个网络的瓶颈道路，因为这些道路的拥堵对于整个网络的运行都起到显著影响，并且实际上网络的全局效率（q_c）是由它们决定的。可以通过对比q_c前后的功能集团的交通流状况来定位交通瓶颈的位置[10]，如图3-2所示。从图中可以看出，在临界状态q_c下，原先满足全局连通性要求的最大强连通集团 G 中（标注为绿色子团）会有多条相对速度值刚好处于q_c之下的连接道路被删除，从而导致网络全局连通性突然消失，网络分裂成若干个规模较小的局部连通集团。在这些连接道路中，必然存在能够决定网络的整体连通性能的、在结构和功能上都处于关键地位的道路，我们称之为"真瓶颈"，如图中红圈标出；然而同时也可能包括一些偶然被删除的道路，它们对于整网的全局连通性能所产生的影响十分有限，更多只是对本地局部的连通性能产生影响，我们称之为"伪瓶颈"，如图中黑圈标出。由于伪瓶颈上的相对速度与真瓶颈上的相对速度刚好同时处在q_c的范围之内，所以当网络上的渗流过程进行到q_c之前时，伪瓶颈会同真瓶颈一起，在动态网络的最大强连通集团中被移除。这也就意味着，我们需要找到正确的方法将真瓶颈从一同被删除的伪瓶颈中识别出来。

为了进一步找到网络中的真正的瓶颈道路，同时验证瓶颈道路对交通流的全局组织效率的关键作用，我们进行了如下仿真实验：将瓶颈道路的速度提升到原来的$(1+\alpha)$倍，然后测定新的动态交通流网络的q_c值并和原值进行对比。我们发现[9][10]，对瓶颈边进行提速确实能够有效地提高q_c值，即网络的全局效率。我们还通过与在网络中随机选择的道路提速的效果对比，证明了瓶颈道路的出现并非是一个随机的过程；同时，基于实际道路网络的静态拓扑结构信息发现的介数最高道路也不能如此显著地影响整个城市交通，如图3-3所示。

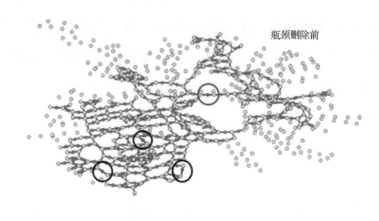

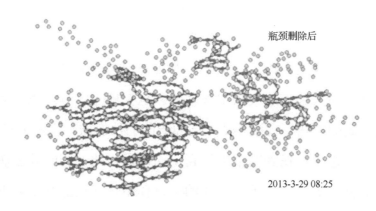

图3-2 北京中心区域瓶颈删除前后示意图[9]

图中，为北京中心区域2013年3月29日08:25瓶颈删除前的最大强连通集团（上）及瓶颈删除后期分裂成的若干小连通集团（下）。图中最大强连通集团标注为绿色。图中红圈内是瓶颈道路，黑圈内是非瓶颈道路。

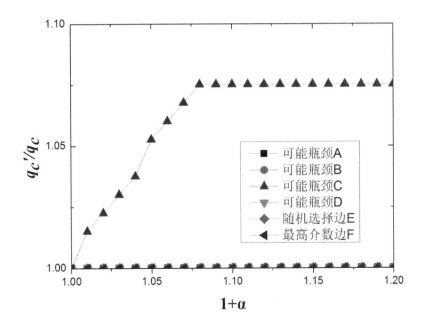

图3-3　北京中心区域2013年3月29日08:25网络可能瓶颈提速比较[9]

瓶颈的产生是目标区域实际道路网络上的交通流量的组织方式所导致的，在一些局部区域内的交通流量保持高速畅通，全局范围内则会有一些关键的桥接路径将这些局部高速链路团簇相互连接起来，从而使整个目标区域内的交通能够保持较大范围的畅通，具有全局连通性。值得注意的是，对瓶颈边的研究不能单单基于网络的静态结构信息，仅仅考虑对网络静态连通度有关键影响的道路作为网络的瓶颈是远远不够的。这是因为交通流网络是一个动态的、非平衡的系统，在其中的瓶颈道路是会随着时间而演化的。因此，我们将以动态的角度和方法来对全局交通流的瓶颈道路进行研究。以给定一天的交通流信息为基础，我们用渗流方法可以找出每个时刻的瓶颈边，并对结果进行统计分析[10]，如图3-4所示。我们发现在早中晚三个不同的时段，瓶颈道路分布位置的差异是很大的。这是因为，出行者在不同时段有不同的驾驶行为以及交互行为，从而导致在不同的高峰期，网络具有不同的全局交通流模式。从图3-4（a）中可以看出，在早高峰的时候，瓶颈道路主要分布在城市中心区域，因此当这些道路发生拥堵时，整个交通流网络将崩溃成一系列孤立的连通子集团；然而在傍晚时段，瓶颈道路则主要集中在偏离市中心的区域，因此当这些道路发生拥堵时只会影响到局部的地区，而交通网络的整体部分仍然能够保持功能状态。在图3-4（b）中，我们发现瓶颈道路的出现频率在不同时段也有明显的变化。瓶颈道路的出现是由于不同的局部连通集团之间的相互作用导致的。不同的瓶颈道路能够表征不同时段全局交通流的组织过程。从图3-4（c）和图3-4（d）中也能看出，不同时段移除的瓶颈道路不一样，产生的连通集团分裂结果也不一样——前者产生的是一个主体连通集团和一系列小的碎片集团，而后者产生的是两个大小相似的连通集团。

总之，对瓶颈道路进行定位，可以帮助制定能对改善交通拥堵状况的实时交通控制策略。

第3章 关键基础设施网络的流量特点

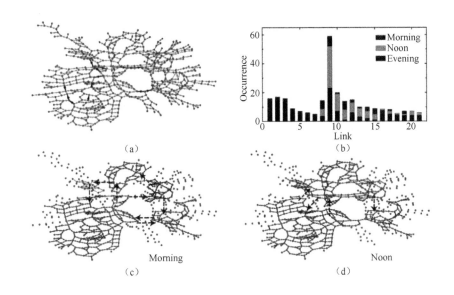

图3-4 北京中心区域2013年3月29日各时段瓶颈道路的演化分布情况[10]

图中，(a) 不同时段的高频瓶颈道路：早高峰（红色），中午（绿色），晚高峰（蓝色）。(b) 图(a)中所示的瓶颈道路的频率统计图：早高峰（红色），中午（绿色），晚高峰（蓝色）。(c) 早高峰时段，移除最高出现频率的前10条瓶颈道路后，网络分裂为若干子团的示意图。(d) 中午时段，移除最高出现频率的前8条瓶颈道路后，网络分裂为若干子团的示意图。

3.4 效率与渗流

为了分析交通效率与渗流之间的关系，我们通过建立网络模型和运用蒙特卡罗仿真的方法，来对交通流网络的渗流过程进行仿真，并分析了这一过程中网络的效率和渗流的关系[30,31]。

我们在综合考虑拓扑最优路径和前方路径上的动态交通状况的情形[29]下，模拟了交通流网络的运行状况。在这一模型中，每一时间步生成固定数目（OD）的数据包（模拟车辆）并投入到网络中，并且每个数据包的出发节点与目的地节点从网络中的所有节点中随机选取。数据包的移动规则遵循一种给定的路由策略。为模型简单起见，每个数据包的大小服从与边权同参数的高斯分布。每个节点上的负载等于排在该节点的数据包队列中所有数据包的大小之和。同时，假定每个节点在一次迭代步中最多只能向下传递一个数据包，传递顺序遵循先进先出的队列顺序。在每个迭代步，网络中的数据包移动同时移动。在所有数据包被移动后，更新节点负载状况，而后开始新的一次迭代，同时迭代时间步 t 自增 1。

假设一个终点为 j 的数据包现在停在节点 i 上，它需要从节点 i 的邻居节点中选择一个节点作为它的下一站。此时定义一邻居节点 k 与终点 j 间的有效距离为[29]

$$e_{kj} = h d_{kj} + (1-h) l_k \quad (3-3)$$

其中 d_{kj} 是节点 k 和 j 之间的拓扑最优距离，定义为使边权之和最小的路径的长度。最优距离可以通过 Dijkstra 算法计算。l_k 是此刻节点 k 上的负载，是指排在节点 k 队列中的所有数据包的大小之和。另外 h 是一个可调参数，在 0 到 1 之间可调，用来模拟驾驶员在路径选择时对当前交通状况的偏向程度。在选择路径时，将选择有效距离 e_{kj} 最小的节点 k 作为下一站。如果两条或更多路径具有相等的有效距离则随机从中选择一条路径。

在足够长的时间步，系统将达到一个稳定状态。这个稳定状态由系统的序参量 ρ 来决定，定义为[29]

第 3 章 关键基础设施网络的流量特点

$$\rho = \lim_{t \to \infty} \frac{L_N(t+\Delta_t) - L_N(t)}{\Delta_t OD} \qquad (3\text{-}4)$$

其中 $L_N(t)$ 是在时间步 t 时刻网络上的总负载，Δ_t 是观察时间窗口。这里极限时间 t 保证可以达到稳定状态，表现为 ρ 不再随时间变化。作为对网络交通状况的一种衡量指标，ρ 代表了入流与出流的一种平衡程度。序参量为 0，说明网络中没有拥堵发生，是畅通态，说明此时交通网络效率高；序参量越大，说明网络拥堵状况越严重，说明交通网络效率越低。随着网络交通量越来越大，即投入的数据包越来越多，网络出现越严重的拥堵。并且存在一个临界 OD，使得网络发生从畅通到拥堵的转变，即网络失效。

如图 3-5 所示，在实际的城市交通系统中，动态的交通量 OD 是一个至关重要的参数，因为它直接影响着交通状况——是否会出现交通拥堵[32~35]。随着交通量 OD 的增大，存在一个临界交通量 OD_c，使得交通相变发生。这个交通相变意味着路网中出现系统性地大规模拥塞，即系统由功能状态转变为失效状态。交通参数（交通量 OD 和路径选择参数 h）的变动会对临界交通量 OD_c 产生相应的影响。如图 3-5 所示，可以看到，在 $h=0.7$ 和 $h=0.3$ 时，临界交通量 OD_c 的值分别大约是 120 和 55。这里的结果是在规模为 100×100 的网络上得到的，是 200 次仿真结果的平均值。

对交通流网络用渗流方法进行分析，可以得到一个渗流临界值 p_c，并且这个渗流临界值 p_c 可以反映全局效率[10]，p_c 越小表示网络全局效率越高。我们还探究了不同 h 下，交通量 OD 对 p_c 的影响[31]。为了对比，我们通过随机化网络上节点负载给出了传统随机渗流的结果（虚线所示）。这里网络负载随机化是通过足够多次地交换随机选到的两个节点的负载值来实现的。

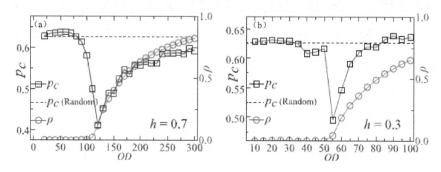

图 3-5　不同 h 时临界阈值 p_c 和序参量 ρ 随 OD 的变化[31]

图中，(a) $h=0.7$，$OD_c=120$；(b) $h=0.3$，$OD_c=55$。图中结果在规模为 100×100 的 Lattice 网络上仿真了 200 次。虚线表示随机渗流的 p_c 的结果。

我们发现交通的临界值对应了渗流最有效率的情况。图 3-5 中的结果显示最初 p_c 随着 OD 的增加非线性地减小，并在临界交通量 OD_c 处出现一个明显的最小值。这个结果表明，在临界处，我们可以通过最少的局部交通流来高效地维持一个全局性的交通流。在不同的司机路径选择行为下（不同的 h 值），尽管 p_c 最小值不同，依然可以得出类似的结果。需要说明的是，仅仅在 OD_c 附近这种偏离随机渗流特征的现象较明显，并在 OD_c 处达到最大偏离；而当我们通过随机化网络上节点负载来恢复到随机渗流后，这种存在最小 p_c 的非随机行为又消失了。

为了进一步探究瓶颈与系统效率的关系，我们仍以 Lattice

第3章 关键基础设施网络的流量特点

网络为基础[30,31]，在规模为 100×100 的网络上进行模拟仿真，得到的结果如图 3-6 所示。其中横坐标表示瓶颈节点上的负载减小为初始负载的倍数；纵坐标为改变瓶颈节点上的负载后，新计算得到的渗流阈值与原始渗流阈值的比值。如果瓶颈是由多于一个节点组成的集合，则同时减小所有点的负载。

可以看出，仅仅小幅改变交通瓶颈的交通状况，即可极大地提升整个交通系统的效率。通过改善交通瓶颈（仅由一个节点组成）的交通状态，甚至可以将规模为 2500 的交通网络的渗流能力提升 35%。而改变其他节点（随机选择一个）的状态，则不会对交通网络的性能产生影响。但是这里需要指出的是这种结果是我们假设其他交通状态不随着优化变化，实际情况往往更加复杂。所以设计一种能够实时动态的缓解交通拥堵的策略值得进一步研究。

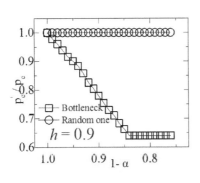 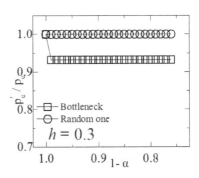

图 3-6 交通瓶颈对网络效率的影响[30]

图中，为横坐标表示初始负载的减少程度，纵坐标表示减载后的渗流阈值与未减载时相比的相对变化值。可以看出，不同 h 值下，减少瓶颈道路/随机道路的初始负载后，网络的渗流阈值的变化情况是不相同的。

3.5 基于渗流理论的网络可靠性计算

传统的网络可靠性分析侧重于端端可靠性。1955 年，Lee 在《Analysis of Switching Networks》[36]一文中，针对通信网络提出了基于图论和设备物理失效的网络可靠性概念，定义了以"能实现连通功能的概率"为度量的端端可靠度，也是最早提出的网络可靠性指标之一。以此为基础，Konak A 等人[37]通过二端连通度、k 端连通度来考量和计算网络的连通功能。比较经典的连通可靠性研究算法包括状态枚举法[38]（通过枚举出网络正常的所有元件状态而计算相应的可靠度）、容斥原理法[39,40]（将网络可靠度表述为全部最小路集的并，然后采用容斥原理去掉相容事件相交的部分，计算相应的可靠度）、不交积和法[41]（将网络可靠度表述为全部最小路集的并，再求解这个并的不交和，计算相应的可靠度）、因子分解法[42]（选择网络中的一个元件，按照其可靠与不可靠逐步进行分解，从而迭代获得网络可靠度）等。

通常上述方法存在大量的冗余计算，复杂度较高，甚至会产生"组合爆炸"问题[37,43]。因此，目前关于精确计算的研究主要集中在各种算法效率上。近似算法是一种通过牺牲计算精度来降低计算复杂度的方法。如图变换法[44]、定界法[45,46]都是典型的近似计算方法。图变换法[44]是先按照某种规则简化网络，再进行可靠度计算。这些方法最早针对串并联网络，以"将串联链路的可靠度相乘、并联链路曲可靠度相加"为原则简化图形。后来针对非串联模型，结合因子分解法，以"正常则压缩链路为一点，非正常则删除链路"为原则。定界法[45,46]是通过组合数学方法研究网络可靠性问题的代数结构，计算出绝对的边界值来近似网络可靠度的精确值。

模拟法是通过仿真技术来模拟计算网络的可靠性，主要包括蒙特卡洛模拟法、Petri 法、神经网络模拟法。蒙特卡诺方法可以解决输入变量较多的非确定性的数值方法。Richard M[47]等人构造蒙特卡罗方法，估计边缘受独立随机故障影响的多端平面网络的故障概率。当边缘的故障概率足够小时，证明了该方法被保证有效。GS Fishman[48]针对受随机故障的无向网络，制定蒙特卡罗采样方案，即指定节点 s 连接到节点集合 T 中所有节点的概率，并且计算了该方案可信度的置信区间。Petri 法可以用于关键基础设施中异步大规模系统的建模。A Tzes 等人[49]以交通网络的模型，对其结构进行分析，研究了并发性，并行性，同步和避免死锁等问题。神经网络主要用于解决网络可靠性的准确计算这一 NP 问题。C Srivaree-ratana 等人[50]利用网络拓扑来构造、训练和验证人工神经网络：链路可靠性和网络可靠性上限作为输入，确切网络可靠性作为目标。

从网络管理者的角度来看，网络需要时刻保持了一个最够大的功能子网来保证绝大多数用户的服务要求水平[51]，渗流理论[52,53]可以用来解决这个问题。具体而言，它以功能网络的关键部分是否故障为标准，研究网络是否故障[4,54,55]。在渗流理论当中，点与边的故障用删除来表示。随着被删除的点或者边的增多，网络从连接态（功能态）变成非连接态（非功能态）。这个临界值可以通过渗流理论理论计算或者计算机仿真得出。这个临界值可以当做网络参数限制在统计学上的一个指示量。这也是传统端端可靠性研究中所缺失的重要部分。此外，基于理论物理的渗流理论也可以用来建立宏观网络故障行为与微观网络分支状态之间的关系。从更为实际的角度出发，这可以回答诸如"多少个点或边故障就会引起网络故障"等问题。对于具有 N 个节点的随机网络，这个问题正是渗流理论需要解决的临界值问题[56]。

本节构建的模型[56,57]首先给节点赋予寿命属性。随着时间的推移，节点会根据其寿命值逐渐从整网上断开，直到所有节点都失效为止。整个过程可以视作渗流过程，而渗流的临界阈值可以被视作网络故障点。对建立的模型进行模拟分析，并通过理论解析和实证网络的验证，确定了网络的可靠度及寿命，以及我们的计算方法有效性。

由于点渗流和边渗流是类似的[52,53]，为了简便，这里仅以点渗流为例进行分析。当一小部分 $1-R(t)$ 节点失效的时候（$p_c<R(t)<1$），仅有小部分子团从最大的子团上脱落；当失效的节点进一步增多，脱落的子团也增多；在临界值 p_c 处，网络最大的子团也不复存在且分裂成为几份[52]。根据渗流理论，当失效节点数目达到 $N-(N*p_c)$ 时，网络失去了连通性。利用这一点，

可以使用临界值为$(N*p_c)+1$ 的表决系统来评估系统可靠性。根据上述分析，网络完好的标志是至少有 $N*p_c$ 个节点是完好的。网络的可靠度可以表示为

$$R_s(t) = \sum_{i=N*p_c+1}^{N} C_N^i R(t)^i (1-R(t))^{N-i} \qquad (3\text{-}5)$$

其中，$R_s(t)$ 是整网的可靠度，$R(t)$ 是节点的可靠度。

根据式（3-5）以及寿命分布与可靠度之间的关系可以得出，网络的寿命分布为

$$\begin{aligned}f_s(t) &= \frac{d(1-R_s(t))}{dt} \\ &= \frac{N!}{(N*(1-p_c)-1)!(N*p_c)!}(1-R(t))^{N*(1-p_c)-1}(R(t))^{N*p_c} f(t)\end{aligned}$$

（3-6）

其中，$f(t) = \dfrac{d(1-R(t))}{dt}$ 是节点的寿命分布，$f_s(t)$ 是系统的寿命分布。

从阈值的定义可以得到

$$p_c = R(T_s) \qquad (3\text{-}7)$$

虽然上面的分析是基于单点可靠度服从相同分布的 ER 网络[56][57]。但是，根据表决系统的性质，可以类推单点可靠度不同或者网络结构非 ER 网络的情况。

具体模型建立过程[56,57]，如图 3-7 所示。

（1）相关参数的选定。

我们选取 ER 网络为例。不失一般性，选取节点数为 100 000，平均度为 4 的 ER 随机网络作为研究对象。我们采取在可靠性研

究中常见的指数分布,均匀分布,weibull 分布作为网络节点的寿命分布。

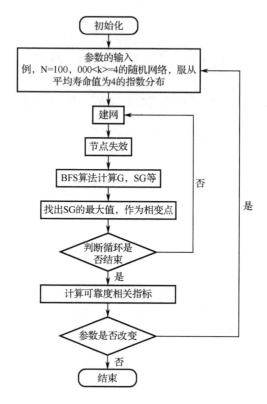

图 3-7 基于渗流理论的网络可靠性模型[57]

(2) 网络的构建

我们通过配置模型[4]来建立给定度分布的网络。对给定节点数目和平均度的随机网络,对于每个节点,根据选择的度分布产生度序列。先建立一个列表,列表中每个节点出现的次数等于它的度数。最后,从列表中随机选择节点并对其连接。从所建立列表中删除所选择的对。重边和自环被忽略,如果列表中的数目是奇数，则可以忽略其中一个。

（3）节点失效过程

为了采用蒙特卡洛抽样方法计算网络寿命，对所有的节点都赋予一个服从给定分布的寿命值，具体过程如下。

① 构建网络，确定仿真次数 I。

② 根据给定的寿命分布，赋予每个节点 i 寿命信息 t_i。根据所有节点的寿命信息，确定仿真的步数及时间间隔。

③ 对于每一步 t，当 $t_i \leq t$ 时，节点失效，从网络中删除该节点。

④ 运用广度优先遍历搜索算法找出节点的子图个数及其大小。

⑤ $t = t + \Delta t$，继续上述的 c、d 过程。

⑥ 根据计算结果可以找到每一步的最大子团 G 和次大子团 SG。

⑦ 当 SG 最大时，对应的时刻 t，即为本次仿真对象网络的寿命值。

⑧ 如果仿真次数小于 I，重复上述过程。

⑨ 根据抽样原则，上述 I 次仿真的平均值即可视为网络的寿命值。

（4）网络可靠度与寿命分析

渗流过程之后，再利用第二大连通子图的最大值作为故障判据，可以计算一系列的可靠性参数。如可靠度和寿命分布，MTTF 等。

我们定义网络可靠度为

$$R(t) = 1 - \lim_{S \to \infty} \frac{n(t)}{S} \quad (3\text{-}8)$$

其中，$n(t)$ 是在 t 时刻系统故障的次数，S 是仿真次数。

图 3-8 所示，分别给出了在三种节点寿命分布情况下，ER 网络的可靠度理论解析和模拟仿真结果。从图中可以看出，理论和模拟能很好地拟合。其中，因为理论值是当节点数为无穷大时得出的，所以理论和仿真微小的差异是由于网络仿真规模不够大造成的。而且，由于有限规模网络的阈值 p_c 会比无限大网络的阈值大一些，因此，仿真的可靠度会更先降低。三种节点寿命分布所得到的可靠度曲线都是从 1 开始，在接近临界值时，逐渐下降，直至 0。而下降的时间点有所不同，是因为其节点寿命分布不同造成的。理论曲线是通过网络的可靠度计算公式得到的，其中，ER 网络的理论 p_c 为

$$p_c = \frac{1}{<k>} \quad (3\text{-}9)$$

图 3-9 给出了网络拓扑结构演化图[56,57]。该图从微观角度分析了网络的可靠度演化过程。$t=0$ 时，几乎所有节点都是属于最大连通子图 G，所以 G≈1，SG≈0。随着时间的推移，网络中一些节点寿命失效，整个网络会逐渐分裂成几个子团，伴随着的是 G 逐渐减小，SG 逐渐增大。当到达某一个时刻时，网络中 SG 达到最大值，随着节点的继续失效，剩下的子团继续分裂，这时，SG 会逐渐变小。根据渗流理论，当 SG 为最大值时，对应的时刻即为网络寿命。

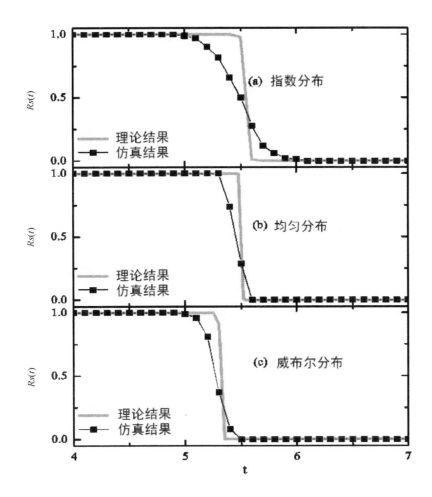

图 3-8 网络可靠度[56]

图中，节点数 N=100000，网络平均寿命<k>=4，（a）节点寿命服从均值为 4 的指数分布，即，λ=1/4（b）节点寿命服从[1，7]均匀分布（c）节点寿命服从[1，7]指数分布，尺度参数为 4.5135，形参为 2。

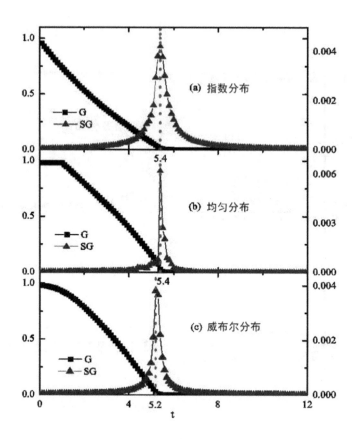

图 3-9 网络结构动态演化过程[56]

图中，节点数 N=100000，网络平均寿命 <k>=4，（a）节点寿命服从均值为 4 的指数分布，即，λ=1/4（b）节点寿命服从[1，7]均匀分布（c）节点寿命服从[1，7]指数分布，尺度参数为 4.5135，形参为 2。

使用渗流临界值的故障判据，我们研究了可靠性中一个重要统计量——网络平均寿命。如图 3-10，对网络平均寿命 T_s 随着节点平均寿命 T 的变化趋势进行了分析。这里只给出了节点寿命服从均匀分布的结果。经线性拟合可以看出，此种情况下，网络的寿命值随着节点寿命服从线性变化，并且斜率为 1。当节点寿命服从 $f(t)=1/(a-b)$ 时，可以从理论上得出网络平均寿命与

节点平均寿命的关系，即

$$T_s = T + \frac{b-a}{2} - \frac{b-a}{<k>} \quad (3\text{-}10)$$

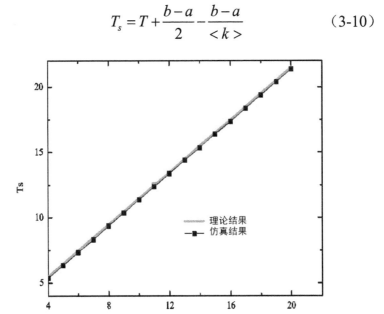

图 3-10　网络寿命随着节点寿命的变化趋势[56]

图中，节点数 N=100000，网络平均寿命<k>=4，节点服从[a, b]均匀分布，其中 b-a=6。带点的线表示仿真的结果，实线代表用式（4-6）理论计算的结果。

这与仿真结果一致。为了证明理论值和模拟值的差距是由于网络规模造成的，我们给出了节点服从均匀分布和指数分布时，网络寿命随着节点个数的变化趋势如下。

（1）当所有节点可靠度均服从指数分布时，可以得出网络寿命与网络参数的关系。

$$T_s = \int_0^\infty R_s(t)dt = \sum_{i=N*p_c+1}^{N} \frac{1}{i\lambda} \quad (3\text{-}11)$$

（2）当所有节点可靠度均服从均匀分布 $R(t) = \dfrac{b-t}{b-a}$ 时，可以得出网络寿命与网络参数的关系。

$$T_s = \int_0^\infty R_s(t)dt = \frac{(1-p_c)*N}{N+1}(b-a)+a \qquad (3-12)$$

如图 3-11 所示,当节点规模逐渐增大的时候,网络寿命逐渐趋向于理论值。可以得出可靠度曲线理论和模拟的差别是因为规模有限造成的[56,57]。这个结论同样适用于其他的分布。同时,这个结论也侧面反映了所提出模型的正确性和合理性。

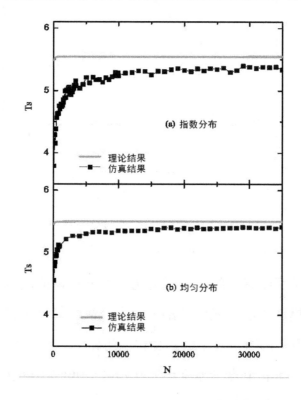

图 3-11　网络寿命随着节点个数的变化趋势[56]

图中,节点数 N=100000,网络平均寿命<k>=4,(a)节点寿命服从均值为 4 的指数分布,即λ=1/4 (b) 节点寿命服从[1,7]均匀分布。

参考文献

[1] 黄海军. 城市交通网络平衡分析：理论与实践[M]. 北京：人民交通出版社，1994

[2] Roughgarden T. The price of anarchy is independent of the network topology[J]. Journal of Computer and System Sciences, 2003, 67(2): 341-364

[3] Ben-Avraham D, Havlin S. Diffusion and reactions in fractals and disordered systems[M]. Cambridge University Press, 2000

[4] Cohen R, Havlin S. Complex networks: structure, robustness and function[M]. Cambridge University Press, 2010

[5] Newman M E J, Strogatz S H, Watts D J. Random graphs with arbitrary degree distributions and their applications[J]. Physical review E, 2001, 64(2): 026118

[6] Cohen R, Erez K, Ben-Avraham D, et al. Resilience of the Internet to random breakdowns[J]. Physical review letters, 2000, 85(21): 4626

[7] Buldyrev S V, Parshani R, Paul G, et al. Catastrophic cascade of failures in interdependent networks[J]. Nature, 2010, 464(7291): 1025-1028

[8] Gao J, Buldyrev S V, Havlin S, et al. Robustness of a network of networks[J]. Physical Review Letters, 2011, 107(19): 195701

[9] 傅博文. 交通网络系统可靠性评价[D]. 北京航空航天大学. 2014

[10] Li D, Fu B, Wang Y, et al. Percolation transition in dynamical traffic network with evolving critical bottlenecks[J]. Proceedings of the National Academy of Sciences, 2015, 112(3): 669-672

[11] Lighthill M J, Whitham G B. On kinematic waves. I. Flood movement in long rivers[C]//Proceedings of the Royal Society of London A: Mathematical, Physical and Engineering Sciences. The Royal Society, 1955, 229(1178): 281-316

[12] Prigogine I, Herman R. Kinetic theory of vehicular traffic[R]. 1971

[13] Newell G F. A simplified theory of kinematic waves in highway traffic, part I: General theory[J]. Transportation Research Part B: Methodological, 1993, 27(4): 281-287

[14] Bando M, Hasebe K, Nakayama A, et al. Dynamical model of traffic congestion and numerical simulation[J]. Physical Review E, 1995, 51(2): 1035

[15] Treiber M, Hennecke A, Helbing D. Congested traffic states in empirical observations and microscopic simulations[J].

Physical review E, 2000, 62(2): 1805

[16] Kerner B S. Experimental features of self-organization in traffic flow[J]. Physical Review Letters, 1998, 81(17): 3797

[17] Helbing D, Huberman B A. Coherent moving states in highway traffic[J]. Nature, 1998, 396(6713): 738-740

[18] Kerner B S. Three-phase traffic theory[M]//Traffic and Granular Flow'01. Springer Berlin Heidelberg, 2003: 13-50

[19] Daganzo C F, Geroliminis N. An analytical approximation for the macroscopic fundamental diagram of urban traffic[J]. Transportation Research Part B: Methodological, 2008, 42(9): 771-781

[20] Gipps P G. A behavioural car-following model for computer simulation[J]. Transportation Research Part B: Methodological, 1981, 15(2): 105-111

[21] Nagel K, Schreckenberg M. A cellular automaton model for freeway traffic[J]. Journal de physique I, 1992, 2(12): 2221-2229

[22] Vickrey W S. Congestion theory and transport investment[J]. The American Economic Review, 1969: 251-260

[23] Daganzo C F, Laval J A. Moving bottlenecks: A numerical method that converges in flows[J]. Transportation Research Part B: Methodological, 2005, 39(9): 855-863

[24] Newell G F. Mathematical models for freely-flowing

highway traffic[J]. Journal of the Operations Research Society of America, 1955, 3(2): 176-186

[25] Newell G F. A moving bottleneck[J]. Transportation Research Part B: Methodological, 1998, 32(8): 531-537

[26] Gazis D C, Herman R. The moving and "phantom" bottlenecks[J]. Transportation Science, 1992, 26(3): 223-229

[27] 吴子啸，黄海军. 瓶颈道路使用收费的理论及模型[J]. 系统工程理论与实践，2000，20(1): 130-133

[28] 肖玲玲，黄海军，田丽君. 考虑异质出行者的随机瓶颈模型[J]. 交通运输系统工程与信息，2013，14(4): 93-98

[29] Echenique P, Gómez-Gardenes J, Moreno Y. Dynamics of jamming transitions in complex networks[J]. EPL (Europhysics Letters), 2005, 71(2): 325

[30] 王飞龙. 城市交通中的渗流相变与瓶颈研究[D]. 北京航空航天大学，2015

[31] Wang F, Li D, Xu X, et al. Percolation properties in a traffic model[J]. EPL (Europhysics Letters), 2015, 112(3): 38001

[32] Zhao L, Lai Y C, Park K, et al. Onset of traffic congestion in complex networks[J]. Physical Review E, 2005, 71(2): 026125

[33] Helbing D. Traffic and related self-driven many-particle systems[J]. Reviews of modern physics, 2001, 73(4): 1067

[34] Kerner B S, Rehborn H. Experimental properties of phase transitions in traffic flow[J]. Physical Review Letters, 1997, 79(20):

4030

[35] Kerner B S. The physics of traffic: empirical freeway pattern features, engineering applications, and theory[M]. Springer, 2012

[36] Lee C Y. Analysis of switching networks[J]. Bell System Technical Journal, 1955, 34(6): 1287-1315

[37] Konak A, Smith A E. Network Reliability Optimization[J]. Handbook of Optimization in Telecommunications, 2006:735-760

[38] Sloane N, Wyner /. Reliable Circuits Using Less Reliable Relays[M]// Claude E. Shannon:Collected Papers. Wiley-IEEE Press, 2009:814-830

[39] Lin, P. M, Leon, et al. A New Algorithm for Symbolic System Reliability Analysis[J]. IEEE Transactions on Reliability, 1976, R-25(1):2-15

[40] Satyanarayana A, Prabhakar A. New Topological Formula and Rapid Algorithm for Reliability Analysis of Complex Networks[J]. Reliability IEEE Transactions on, 1978, R-27(2): 82-100

[41] Fratta L, Montanari U. A Boolean algebra method for computing the terminal reliability in a communication network[J]. Circuit Theory IEEE Transactions on, 1973, 20(3):203-211

[42] Moskowitz F. The analysis of redundancy networks[J]. American Institute of Electrical Engineers Part I Communication &

Electronics Transactions of the, 1958, 77(5):627-632

[43] Ball M O. Complexity of network reliability computations[J]. Networks, 1980, 10(2):153-165

[44] Rosenthal A. Series-parallel reduction for difficult measures of network reliability[J]. Networks, 1981, 11(4):323-334

[45] Esary J D, Proschan F. Coherent Structures of Non-Identical Components[J]. Technometrics, 1963, 5(2):191-209

[46] Provan J S. Bounds on the Reliability of Networks[J]. IEEE Transactions on Reliability, 1986, 35(3):260-268

[47] Richard M. Karp, Luby A M. Monte-Carlo algorithms for the planar multiterminal network reliability problem ☆[J]. Journal of Complexity, 1985, 1(1):45-64

[48] Fishman G S. A Monte Carlo sampling plan for estimating network reliability[J]. Operations Research, 1986, 34(4):581-594

[49] Tzes A, Kim S, McShane W R. Applications of Petri networks to transportation network modeling[J]. IEEE Transactions on Vehicular Technology, 1996, 45(2): 391-400

[50] Srivaree-ratana C, Konak A, Smith A E. Estimation of all-terminal network reliability using an artificial neural network[J]. Computers & Operations Research, 2002, 29(7): 849-868

[51] Zio E. Reliability engineering: Old problems and new challenges[J]. Reliability Engineering & System Safety, 2009, 94(2):125-141

[52] Bunde A, Havlin S. Fractals and disordered systems /[M]. Springer-Verlag, 1991

[53] Aharony A, Stauffer D. Introduction to percolation theory[M]. Taylor & Francis, 2003

[54] Albert R, Barabási A L. Statistical mechanics of complex networks[J]. Review of Modern Physics, 2002, 74(1):xii

[55] Boccaletti S, Latora V, Moreno Y, et al. Complex networks: Structure and dynamics[J]. Physics Reports, 2006, 424(4–5):175-308

[56] Li D, Zhang Q, Zio E, et al. Network reliability analysis based on percolation theory[J]. Reliability Engineering & System Safety, 2015, 142: 556-562

[57] 张琼. 基于相变理论的复杂网络可靠性模型与寿命研究[D]. 北京航空航天大学，可靠性与系统工程学院，2013

第4章 关键基础设施网络的故障相关性

故障相关性是导致网络可靠性分析和计算困难的主要原因之一。关键基础设施网络包含了大量的组成元件和组件之间的相互作用，这些结构或者功能上的耦合关系，在随机或者蓄意扰动下，可能会导致网络元件发生如"多米诺骨牌"一样的级联失效。在实际级联失效过程中，故障是动态传播的。本章介绍的相关性分析将从静态的角度对故障传播的性质进行研究。对于理解和评估整个系统的运行风险，发现关键基础设施网络内部或者不同关键基础设施网络之间的脆弱点非常必要。

4.1 关键基础设施网络的故障相关性

在过去对核电站等系统可靠性研究时，学者们发现这些系统的组成单元在实际使用时，系统的失效概率通常都高于独立使用假设的预测值[1~6]。这是因为实际系统中的故障并非独立发生，而是有相关失效的存在。长期的工程实践表明，系统中普遍存在相关失效，且相关失效会严重地削弱冗余组件的作用，降低系统的可靠性。相关失效是指在同一时间或在规定时间段内，由于系统间或单元间在空间、环境、设计上以及人为因素所造成的失误等原因，而引起的两个或多个零件的失效或不可用状态[2,7]。其中，共因失效（CCF）是相关失效的一种最主要的形式，它是由于某种共同原因所导致的失效。

系统可靠性的相关失效分析分为两类：定性分析和定量计算。其中，定性分析主要包括相关失效问题的定义、建立考虑相关失效的系统可靠性模型，及提出用于相关失效定性分析的相关概念[2][8]。系统相关失效的定量计算主要是指参数模型，借助于共因参数能对共因失效的影响进行量化，已成为相关失效分析和研究的重要组成部分。相关失效的定量计算模型，主要有β因子模型[9]、α因子模型[10]、二项失效模型[11]和共同载荷模型[12]等。实际系统失效的数据较少，很难建立相关失效分析的工程基础；记录的相关失效中，失效的故障机制可能不同，无法很好地确立故障之间的相关性。另外，这些模型主要使用于组件较少的系统，若是运用到庞大的关键设施网络，进行可靠性计算时容易出现组合爆炸的问题。

以上研究较少考虑相关的故障节点之间的空间关系。为了深入研究关键设施网络的可靠性，做到有效的实时控制关键基础设施网络上的故障传播，就必须研究故障传播的时空规律，从根本上对故障传播的行为进行掌握。级联失效中，故障的时空传播行为描述了级联失效在时间和空间的动态演化过程，重点在于研究故障传播的空间路径和时间特点。目前大部分的研究集中在临界条件、故障机理和实证统计三个方面[13~17]，而级联失效的传播行为尚未得到充分研究。建立针对包括电力网络和交通网络的关键基础设施保护与缓解故障控制策略，首先需要对关键基础设施网络的故障空间相关性深入理解（见图4-1）。

为了研究级联失效的故障传播形态，我们引入了空间相关性的概念，考察了级联失效过程中故障之间的空间关系[18]。其中，我们使用了空间相关系数 $C(r)$[18]，用来测量距离为 r 的失效节点间的状态相关性。空间相关系数定义为

$$C(r) = \frac{1}{\sigma^2} \frac{\sum_{ij, i \in F}(x_i - \bar{x})(x_j - \bar{x})\delta(r_{ij} - r)}{\sum_{ij, i \in F}\delta(r_{ij} - r)} \quad (4-1)$$

其中，x_i 是节点 i 的状态参数，如果节点失效其值为1，否则为0。$\bar{x}$ 是整网中 x_i 的平均值，σ^2 是方差，另外，F 是级联失效节点的集合，N_r 是失效节点的总个数。r_{ij} 表示节点 i 和 j 的欧式距离。δ 函数用来筛选距离为 r 的节点。$C(r)$ 为正值时，表征距离为 r 的节点呈正相关；$C(r)$ 为负值时，表征节点间状态呈负相关。

我们发现[18]，不管是在交通拥堵、大停电，还是我们采用的故障传播模型中，级联故障之间的相关性随着地理距离的增长衰减缓慢（幂律衰减），即展现了空间长程相关性 [图4-1（c）和（d）]：$C(r) \sim r^{-\gamma}$。其中，γ 表征故障间的空间相关强度。长程相关对应 γ 较小，而当 $\gamma > d$ 时，不存在相关性，d 是网络的空间维度（对于交通网络或者电力网络，$d = 2$）。

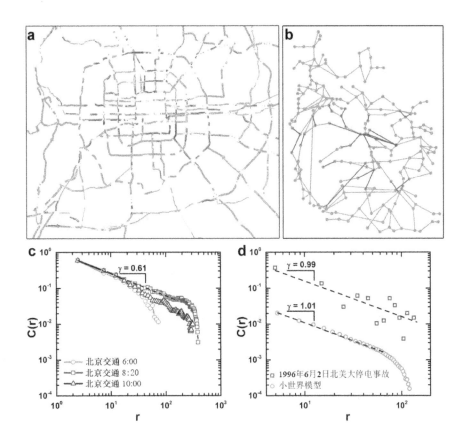

图 4-1 实际数据中级联失效的空间相关性[18]

图中，(a) 2013 年 9 月 25 日 08:10，北京市交通网络中级联失效（拥堵）的空间特征。红色为拥堵路段（速度低于 20km/h 的城市公路），浅色为速度较高的畅通路段。(b) 1996 年 7 月 2 日，美国西部电力网络系统级联失效的空间特征（深色为失效节点或边，浅色为有效节点或边）。(c) 交通网络中不同时刻的级联失效空间相关性，在高峰时段（08:20）表现有幂律衰减特征的空间相关性，而在非高峰时段相关性衰减较快。(d) 电网中级联失效的空间相关性（深色节点），小世界网络模型中（在临界点附近）出现了类似的相关性特征（浅色节点，为方便比较，图中模型相关性结果整体下移）。

从物理角度而言，交通系统是由互相交互的交通工具组成的一个非平衡系统，它的相变是在交通顺畅和拥堵两种状态相互切换。相变是累积效应的后果，在经历一定积累之后，特殊形态的交通拥堵就会发生。例如，高速公路的堵塞就是由于局部低速和高密度车流而引发的。然而，由于缺乏城市交通数据，从城市交通的全局来看，不同区域交通拥堵的相互关系的研究还未进行。我们对最近收集到的遍布整个北京的实时交通数据展开了深入分析。我们的数据包含了2013年多个月份（30天，每天20个小时，以10分钟为间隔）的北京交通数据。在我们的研究中，我们假设路段上速度低于某个值时（例如，速度低于20km/h 的城市路段）为拥堵状态，图4-1（a）中标记为红色的即为实时的北京拥堵路段。图 4-1（c）则告诉我们交通网络中不同时刻的级联失效空间相关性，在高峰时段（08:20）表现有幂律衰减特征的空间相关性，标度系数值非常接近于0.6。而在非高峰时段（6:00 或 10:00）相关性衰减较快。从网络角度而言，与高速拥堵的局部空间特性相比，交通拥堵的全局是具有长程相关性的。

  与交通拥堵相似，电力网络上的大停电事故是典型的级联失效。我们收集了美国西部电力网络1996年6月发生大停电事故的相关数据，包括电线和发电机跳闸的失效数据。在电力网络中，我们也发现了与交通拥堵相似的结果，它失效空间相关性也表现为幂律衰减特征，但是相关程度相对较弱，其标度系数为0.9至1.0之间。

  已有的模型大都假设故障之间是近邻传播，即一个节点的故障会传播给其一阶近邻（与此节点有连边的节点）。而这里发现的这种故障间呈现长程相关的特点可能意味着节点间的故障具有大范围的联动关系,一个节点的故障不仅仅会影响附近的节点,也会影响和其相距较远的节点。而且这种联系会使故障聚集,并出现集团特征。虽然交通系统和电力网络的控制模式和故障管理方式不同,但这两个系统在级联失效上却表现出相似的故障长程相关特点,说明故障传播空间特点的普适性和背后的共同失效机理。

基于渗流方法,可以进一步通过应用过载模型揭示了这类系统的级联失效机理[18,19]。我们首先建立一个 Lattice 网络,网络上的每个节点有初始负载和容忍参数 α。其中,负载预示着节点需要传递的流量,与通过它的最短路径的数量成比例。当网络中节点的负载 L_i 超过初始负载 L_0 的 $(1+\alpha)$ 倍,这个节点就会发生失效,且它的负载会重新分配给网络中的其他节点。其他节点会由于接受了新的负载而发生故障,由此发生级联失效。这样的级联失效会持续至剩余的节点流量都不超过它们的负载极限。在仿真初始删除 $1-p$ 比例的网络节点时,根据 Lattice 网络上级联失效的结果,我们首先分析主要的控制参数 p 和 α 对于网络鲁棒性的影响。在这里,我们的网络鲁棒性是用网络最大子团的相对大小来衡量。在图 4-2(a)中,展示了网络最大子团相对大小 G 随着 p 或 α 的减小而发生的改变。对于给定的 α 值,当 p 减小时,系统经历了由失效相转变为工作相的相变过程。对于小的 α 值(例如 $\alpha=1$),当随机删除 1%的节点,G 就会突然变得很小,意味着 Lattice 网络在 α 值很小时就处于临界状态。当 α 值很大时(例如 $\alpha=500$),大的容忍参数导致过载失效很罕见，G 就会非常平滑的减小，因此，其临界值 p_c 非常接近于 0.5927，这与二维 Lattice 网络的传统渗流临界值相一致。对于其他 α 值（例如，$\alpha=10$，15），G 会以一个更加复杂的形式减小，这表征了网络可能发生了以上两种情况混合形式的相变过程。在图 4-2（b）中，当级联失效步数达到最大值时，定义对应的 p 为网络相变的临界值 p_c。我们发现，随着 α 值增大，即减小网络上过载的发生，p_c 会逐渐减小。基于模型，我们重点对接近于临界状态时的级联失效空间形态进行研究，因为我们分析的历史数据中电力网络和交通网络的级联失效都是在临界状态时发生的。如图 4-2（c）所示，模型上的级联失效也在临界状态附近表现为特殊的空间形态。这样的空间形态是与相同失效密度但是为随机分布 [图 4-2（d）] 的失效有很大区别的。从图 4-2（e）可以发现模型的空间相关性在临界状态时也符合幂律特征，但是远离临界点时，相关程度会减小。需要特殊说明的是，对于随机失效的情况 [图 4-2（d）]，其空间相关性大小为 0。另外，我们还发现，在临界状态时，模型中级联失效空间相关性具有一个普遍的规律 [图 4-2（f）]，即标度参数 γ 是独立于 α 的变化。更甚，标度参数 γ 与上述的交通系统拥堵的标度参数很近似。这说明渗流过程导致的长程相关性特征是一个普遍存在于复杂系统中的特征，不会由于系统本身的细节差别而产生差异。与上述的交通拥堵和模型结果相比，大停电事故中的空间相关性会比较弱，这是因为电网中存在高压传输线，它可以使得过载传输给非常遥远的区域。实际上，在 Lattice 网络上随机重连一些网络的边以增加一些长距离的连边时,可以发现当重连概率增加时,模型的空间相关性会变得越来越弱。所以,我们增加少量的长程连接边,模型上就会出现与电网相似的空间相关特征。

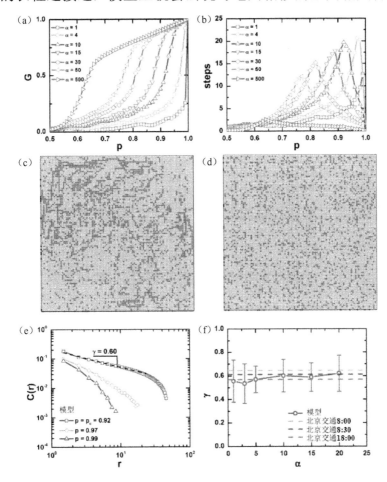

图 4-2 基于模型的级联失效空间相关性研究[18]

图中,(a)最大子团大小与初始随机删除节点比例 p 的关系。(b)级联步数与 p 的关系。当级联步数为最大值时,对应的 p 是渗流的临界值。(c)接近临界状态时级联失效的空间形态;(d)相同数量失效情况下,随机的失效分布情况;(e)当 $\alpha=10$ 时,不同 p 时的空间相关性;(f)标度参数与 α 的关系。

另外，我们探究了级联失效相关性随时间的变化（图 4-3）。随着距离的增加，当相关性第一次变为 0 时，对应的距离定义为相关长度。对于实际交通数据，我们发现相关长度随着交通拥堵数量的不断增加而增大。负载模型中的结果也发现，随着系统不断靠近相变临界点，故障之间的相关长度不断增加。

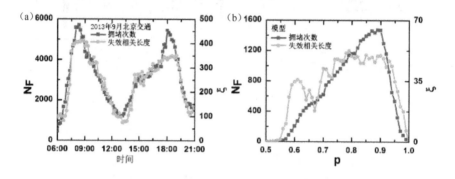

图 4-3　交通拥堵和负载模型中相关长度随着时间的变化结果[18]

图中，（a）交通拥堵中，失效数量与相关长度随时间的变化关系，它们对应的峰值为实际城市交通高峰期。（b）负载模型中，失效数量与相关长度。

如果用森林火灾来类比我们的发现，可以把每一处起火点看作交通中的一处拥堵或电网中的一个故障。火灾中，火会借助风力或其他因素传播到相邻区域，了解森林火灾中火的传播行为，可以帮助我们建立有效的缓解策略，从而指导消防员和直升机在火灾发现后的第一时间隔离并消除起火。但与我们在森林火灾中可观察到火的接触式传播不同，由过载造成的级联失效往往通过某些隐藏路径向不可预料的区域传播。针对这一点，我们的研究揭示了级联失效传播的长程相关性本质。我们发现即使没有直接接触，级联失效中发生在某处的故障也会对很长距离内的其他区域产生负面影响（比如对北京交通拥堵来说，这一距离最大是 20 公里，约为五环的半径；对美国大停电来说，这一距离更可以达到几百公里的尺度）。这一发现与森林火灾的接触式传播形成鲜明对比。更重要的是，我们发现表明那些通过假设级联失效以森林火灾方式传播而形成的缓解方法不仅起不到作用，甚至可能引发更多的故障。在由道路和发电机组成的"森林"中，我们需要一个全局性策略来消除包括拥堵和大停电在内的大规模火灾造成的风险。

上述发现对关键基础设施网络系统的设计、管理和保障策略有参考价值。如果认为系统故障间都是短程相关，大量的保护或维修资源都会被投入到对故障的孤立上，但收效甚微（如美国发生大停电的频率十几年来从未降低）。我们的发现表明了故障间具有长程相关性，仅通过孤立故障的元件不仅无法达到隔离故障的目的，反而会引发更大的系统级风险。因此，我们建议采取全局性保护与缓解的故障控制策略，具体可通过对故障间的长程相关性进行解耦来实现。

4.2 故障的相关网络

随着对关键基础设施网络可靠性研究的深入，不同关键基础设施网络内外的耦合逐渐受到学者的关注和重视[20]。2001 年，Rinaldi 等人[21]分析了关键基础设施网络之间的依赖关系和相互依存关系。此外，其他学者也对网络间的各种耦合关系进行了定义和分析[22,23]。Little 等人[24]研究了耦合的关键基础设施网络的故障，并将其分为三类，分别是级联失效、加剧失效和共因故障。Utne 等人[25]根据历史故障数据，分析了导致级联失效的初始事件发生频率、故障持续时间、受影响人数等。关键基础设施保护/决策支持系统（CIP/DSS）是应用系统动力学方法来研究耦合关键基础设施网络的工具之一，它用近 5000 个变量来对各个关键基础设施进行建模，从而帮助分析故障对耦合关键基础设施网络的影响和风险[26~28]。复杂网络的方法也被引入对耦合关键基础设施网络可靠性的分析中，利用生成函数和数值模拟方法分析了耦合网络对随机故障和蓄意攻击的鲁棒性[29~32]。

相关性网络是一种使用复杂网络工具从现实系统或模型节点的时间序列中发掘节点之间"依赖关系"[33~44]。故障相关网络中"依赖关系"指的是故障之间的耦合关系，也称为故障相关，而不是组件之间功能或同步等方面的相互关联。

当评价关键基础设施网络的可靠性时，系统内部不同节点之间，或者不同系统的节点之间存在的"依赖关系"是非常重要的影响因素。所谓存在"依赖关系"，就是当一个节点受到某种形式的"故障事件"影响时，另一个节点也较容易受到同样事件的影响。在不同实际系统中，可能存在不同的具体机制会导致这样的"依赖关系"。例如，动物群体移动中的一个个体会根据它能观察到的几个其他个体的行动方向来调整自己的方向。如果它观察到的某个个体突然改变方向，它自己也会受到影响。又如在气候系统中,海流、风、降水、大气波等气候事件可能同时影响地球表面不同位置,甚至较远距离节点的气温、气压等气候指标。这些机制可能造成某些节点之间更容易同时受到极端气候事件的影响。

实际上,如果关键基础设施网络两个节点之间存在某种依赖关系,从而比较容易同时被某种故障影响,那么在它们的时间序列中一般会表现出某种程度的相似性。这种时间序列的相似性是可以通过皮尔逊相关系数等数学方法定量计算的。所以,从节点的时间序列出发,可以通过相关系数等数学方法定义节点之间的连边,从而获得一个故障相关网络,并进而帮助人们理解不同节点之间的依赖关系和评价整个系统的可靠性。

具体来说,假设系统共有 N 个节点,每个点有长度的时间序列 $S_i(t)$, $t=1,\cdots,L$。于是,对每一对点 i、j 一般来说是计算两时间序列之间的皮尔逊相关系数,即

$$r_{ij} = \frac{\sum_{t=1}^{L}(S_i(t)-\overline{S_i(t)})(S_j(t)-\overline{S_j(t)})}{\sqrt{\sum_{t=1}^{L}(S_i(t)-\overline{S_i(t)})^2}\sqrt{\sum_{t=1}^{L}(S_j(t)-\overline{S_j(t)})^2}} \quad (4\text{-}2)$$

然后,一般用阈值 d 作为连边的标准,若 $r_{ij} \geq d$,则给点 i、j 连一个边;否则不连。根据需要,这里 r_{ij} 既可以用值本身作为边权,也可以不考虑边权,生成无权网络。

除了直接使用皮尔逊相关系数定义连边以外,对存在时间延迟的系统,也经常用到互为相关的峰值来定义边[38,39,41]。此外,在一些系统中,直接求得的相关系数中往往既包含"直接作用"造成的相关,也包括"间接作用"造成的相关。"直接作用"是

指两点之间存在直接的物理过程,从而造成相关性。而"间接作用"是指两点之间由于通过其他节点的直接作用的路径而间接造成相关性。为了尽量去掉间接作用的影响,很多研究者也使用偏相关系数等方法来构建网络[37,41,44]。

到目前为止,相关性网络的方法已经广泛应用于生物系统、气候系统、金融系统等具有时空结构的实际系统。例如在生物系统中,相关性网络的方法已经被大量用于基因表达时间序列,建立"基因共表达网络"(GCN)[34~36]。两个基因有连边,表明它们之间有较强的依赖关系,或者共表达关系,从而很可能具有相似的功能特性。在气候系统中,相关性网络的方法被用于大气温度、位势高度、降水等时间序列上,建立相应的气候网络[37~41]。气候网络中的连边体现了不同气候节点之间的依赖关系。连边的权重可以用来衡量两点之间依赖关系的强弱,而连边的地理位置分布也可以帮助理解所发现的依赖关系背后的气候机制。在金融系统中,相关性网络的方法也已经被广泛使用,帮助人们理解不同金融指标之间的内在依赖结构[42~44]。例如,D.Y. Kenett 等[44]用偏相关系数在美国股票指数时间序列上建立网络,发现了比普通相关系数方法得到了更清晰的股票之间的依赖关系,特别是发现了网络中的重要节点主要是源于金融部门的股票。而在关键设施网络中,相关性网络是在清晰理解不同网络组件之间的故障相关性情况下建立的,相关性网络能帮助我们分析不同故障之间对于整个网络可靠性的影响。针对相关性网络,可以从中发现影响整个网络可靠性的薄弱环节,通过冗余备份或者升级保护等方法提升关键设施网络的可靠性。

4.3 故障相关带来的网络脆弱性

在分析得到故障相关性网络后，就可以由此评估和优化实际关键基础设施网络系统的可靠性。当考虑空间嵌入网络时，网络的维度是影响其结构和基础物理特征的重要参数[20]。尽管不同的基础设施网络具有不同的功能和动态特征，由于这些二维嵌入网络的连接边和耦合边的长度都会受到限制，他们都可以看成是具有二维结构的网络。这里考虑具有故障相关的网络系统将会如何引发级联失效，及其导致的网络脆弱性[48]。

在研究关键基础设施网络可靠性建模中，通常采用随机失效或者蓄意攻击作为初始故障注入[20,46]。然而，空间嵌入网络通常会发生由地理上的局部区域引发的局部攻击。自然灾害和蓄意的攻击属于局部攻击的一种[47]。考虑关键设施网络的空间特性，它们对现实发生的地域局部攻击，例如地震或海啸，非常敏感。

这里提出了考虑故障相关的网络模型[48]，分析局部攻击对关键设施网络的可靠性影响。局域攻击是模拟移除网络上随机一个节点附近 r_h 范围内的所有节点 [图4-4（a）、（b）]，它将导致与被移除节点相互耦合的节点发生失效，同时脱离最大子团的节点也将被移除。上述的两个失效过程接连发生，会引发网络上的级联失效直至网络中没有新的节点发生失效。根据级联失效的最后状态，观察网络是否还有最大子团来判定此时的网络是否正常。基于仿真和理论方法，发现局域攻击与同等规模的随机攻击相比，会对关键基础设施网络造成更严重的危害。如图4-4（c）所示，耦合Lattice网络会随着平均度和r的不同，出现三种参数效应的状态，即稳态、非稳态和亚稳态。稳态是指此时无论r_h多大，初始的失效不会传播出去。而非稳态是指网络系统在及时没有进行局域攻击的情况下整个系统也将瞬间崩溃。区别于渗流理论当中的稳态和非稳态，在这里发现了另外一种具有多种参数效应的状态——亚稳态[图4-4（c）]。在亚稳态当中，存在一个临界的攻击尺寸r_h^c，实际攻击尺寸大于r_h^c时，局部攻击蔓延并导致整个系统崩溃，当攻击尺寸低于r_h^c时，故障只发生在局域[见图4-4（a）和图4-4（c）]。而我们所发现的临界损伤尺寸只由系统密度参数决定，因此，可以知道r_h^c不随系统规模的增大而增大，即使系统的尺寸变得无穷大，对于r_h^c而言，同样不受影响[见图4-4（d）]。

当局域攻击的尺寸大于某个临界值时，不管网络的规模多大，局域攻击都会引起大规模的级联失效传遍整个网络。这种亚稳态特征与我们熟知的水的过冷属性很相似，在其凝固点以下，水可以保持液态，直到一个扰动触发结晶的临界尺寸使其变为固态[49]。

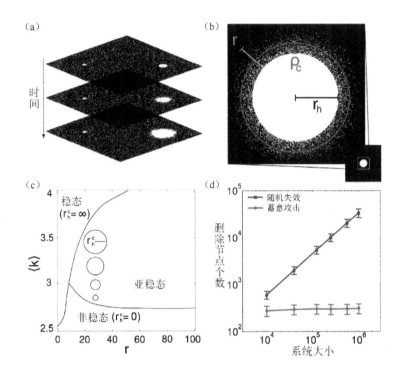

图 4-4 局部攻击对耦合网络可靠性的影响[48]

图中，(a) 局部攻击在两个相互依赖的稀释 Lattice 网络之间的传播，该 Lattice 网络具有空间约束的耦合连接（这里只展示了一个 Lattice 网络）。右边孔的半径是大于临界值，所以导致了故障在网络上的传播。而左边的情况完全相反。(b) 含有耦合连接边长度为 r 的网格网络中半径 r_h 孔内的失效情况。在孔外，节点的完好概率随着距边缘的距离 p 的增加而增加。p_c 表示距孔边的距离，Lattice 网络中渗流阈值的占有率是相等的，$p_c \approx 0.5927$。(c) 图为耦合网格网络的相图。由平均度 $<k>$ 和耦合距离 r 来判定系统是处于稳定状态、不稳定状态还是亚稳态。圆圈表示临界攻击规模的大小（当 $<k>$ 增加时）增加导致亚稳态区域中的系统崩溃。(d) 随着系统规模变大，随机攻击导致系统崩溃的最小节点数线性增加，但是对于局部攻击来说却会保持不变（约等于 300）。这个数字是基于耦合稀释 Lattice 网络（$<k> \approx 2.9$，$r=15$），每一个数据点运行次数为 1000。

图 4-5（c）和图 4-5（d）显示的是在系统规模为 $L \times L = 1000 \times 1000$ 时，临界攻击尺寸 r_h^c 随着平均度大小 $<k>$ 以

及最大耦合连接边长度 r 的变化图像。从图 4-5（c）可以发现，随着 r 的逐渐增大，亚稳态所覆盖的 $<k>$ 值的范围也逐渐变大。当系统处于亚稳态时，对于每一个确定的 r 值，r_h^c 都随着 $<k>$ 值而逐渐变大，当到达一个特定的 $<k>$ 值时，r_h^c 会发生一个突然的阶跃，因为此时的亚稳态逐渐结束而慢慢靠近稳态的边界。此外，发现这个阶跃所发生的点处的 $<k>$ 值是随 r 值而变大 [图 4-5（c）]。在图 4-5（d）中，对于一个给定 $<k>$ 值的亚稳态系统，r_h^c 的值大于一个固定值之后它和 r 几乎呈线性关系。实际上对于一个较大的 r 值，则意味着给定节点可以和更远的节点建立起耦合连接关系。因此，局部攻击导致的二次攻击的范围更加大，而对于此时的级联失效的诱发需要更大规模的起始攻击。此外，发现当 r 值逐渐靠近稳态时，临界破坏尺寸处于最小值，而且系统此时最容易受到小区域攻击的影响。

注意，这里的整个情境都是局域性的，节点对之间的耦合边的长度具有最大值 r，连接边对应模型当中的一个单元，也就是一个具有特征长度的基础网格结构，而现实当中它会受到实际花费的限制。这里的攻击被严格控制在一个半径为 r_h 的孔内。但是对于很广的系统参数范围内，这都将导致灾难的后果，最后将会破坏整个系统。我们自然想到，将这个过程与一个只有空间嵌入而没有依赖性的网络进行对比。如果一个任意有限大小的孔出现在 Lattice 或者其他的空间嵌入网络上，它对于整个系统的鲁棒性没有任何影响。只有一种简单情况，即接近系统尺寸 L 的 r_h 一般才会导致系统崩溃。与另外一种类似的情况做对比，此时网络上存在的是不受长度限制的耦合边。如果网络上一个半径大小为r_h的孔被移除，它会导致一个比例为r_h^2/N的网络的一部分被随机移除。当网络规模趋于无穷时，这个比例的分子保持不变而分母趋近无穷，同样可以发现此时局部攻击的影响可以被忽略。只有当耦合边的长度受到限制时，这样的特殊现象才会出现。

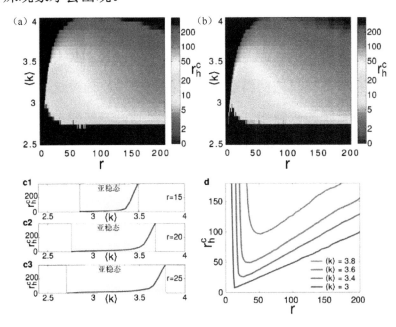

图 4-5　网络平均度大小<k>和系统的耦合边长度 r 对临界攻击规模 r_h^c 的影响[48]

图中，(a, b) 对数尺度的色图表示的 r_h^c 和网络平均度水平 <k> 和系统的耦合边长度 r 的函数关系。(a) 仿真的结果，即我们运用二进制搜索算法找到的临界半径的大小。(b) 临界值的计算结果。(c) 图中曲线表示在 (a) 中从底部到顶部沿垂直线移动的结果。阴影部分表示每部分的亚稳态。(d) 模拟出来的临界攻击大小 r_h^c 作为网络平均度水平 <k> 和系统的耦合边长度 r 的函数关系。每条曲线的最小值表示的是具有耦合边系统最容易受到局部攻击处。该图中的数值结果是由两个耦合的稀释晶格系统产生。

令人惊讶的是，局部的故障耦合解释了局部故障传播导致整个系统崩溃的现象。当一个半径为 r_h 的孔被移除时，依赖于它们的节点必然是在距离孔为 r 的范围内。因此，第二次的攻击主要集中在孔的周围区域，导致了破坏的逐渐向外传播的过程。这就解释了为什么当故障相关长度有限时，每一个故障节点平均上都可以造成较大的损失［图4-4（d）］。当 $r \to \infty$ 或者 $r \to 0$ 时，这种脆弱性将不会存在，因为二次攻击将会传播到网络各处或者被固定在原处。但是对于一个空间嵌入、具有有限长度耦合关系的基础设施网络会有更高的脆弱性。通过这些研究结果，表明系统的故障相关网络分析在基础设施的弹性设计过程中应该扮演更加重要的角色。

参考文献

[1] 亨利. 可靠性工程与风险分析[M]. 北京：原子能出版社，1988

[2] 李翠玲，谢里阳. 相关失效分析方法评述与探讨[J]. 机械设计与制造，2003(3): 1-3

[3] 谢里阳，林文强. 共因失效概率预测的离散化模型[J]. 核科学与工程，2002，22(2): 186-192

[4] Vaurio J K. An implicit method for incorporating common-cause failures in system analysis[J]. IEEE Transactions on

Reliability, 1998, 47(2): 173-180

[5] Chae K C, Clark G M. System reliability in the presence of common-cause failures[J]. IEEE transactions on reliability, 1986, 35(1): 32-35

[6] Levitin G. Incorporating common-cause failures into nonrepairable multistate series-parallel system analysis[J]. IEEE Transactions on Reliability, 2001, 50(4): 380-388

[7] Paula H. Technical Note: On the definition of common-cause failures[J]. Nuclear Safety, 1995, 36(1)

[8] Watson I A. Analysis of dependent events and multiple unavailabilities with particular reference to common-cause failures[J]. Nuclear Engineering and Design, 1986, 93(2): 227-244

[9] Fleming K N, Hannaman G W. Common-cause failure considerations in predicting HTGR cooling system reliability[J]. IEEE Transactions on Reliability, 1976, 3: 171-177

[10] Mosleh A, Siu N. A multi-parameter common cause failure model[C]// International Conference on Structural Mechanics in Reactor Technology. 1987

[11] Atwood C L. The binomial failure rate common cause model[J]. Technometrics, 1986, 28(2): 139-148

[12] Mankamo T, Kosonen M. Dependent failure modeling in highly redundant structures—Application to BWR safety valves[J]. Reliability Engineering & System Safety, 1992, 35(3): 235-244

[13] Bak P, Tang C, Wiesenfeld K. Self-organized criticality: An explanation of the 1/f noise[J]. Physical review letters, 1987, 59(4): 381

[14] Watts D J. A simple model of global cascades on random networks[J]. Proceedings of the National Academy of Sciences, 2002, 99(9): 5766-5771

[15] Gao J, Buldyrev S V, Stanley H E, et al. Networks formed from interdependent networks[J]. Nature physics, 2012, 8(1): 40-48

[16] Lorenz J, Battiston S, Schweitzer F. Systemic risk in a unifying framework for cascading processes on networks[J]. The European Physical Journal B, 2009, 71(4): 441-460

[17] Araújo N A M, Andrade Jr J S, Ziff R M, et al. Tricritical point in explosive percolation[J]. Physical review letters, 2011, 106(9): 095703

[18] Daqing L, Yinan J, Rui K, et al. Spatial correlation analysis of cascading failures: congestions and blackouts[J]. Scientific reports, 2014, 4

[19] Motter A E. Cascade control and defense in complex networks[J]. Physical Review Letters, 2004, 93(9): 098701

[20] Ouyang M. Review on modeling and simulation of interdependent critical infrastructure systems[J]. Reliability Engineering & System Safety, 2014, 121(1):43-60

[21] Rinaldi S M, Peerenboom J P, Kelly T K. Identifying,

understanding, and analyzing critical infrastructure interdependencies[J]. IEEE Control Systems, 2002, 21(6):11-25

[22] Dudenhoeffer D D, Permann M R, Manic M. CIMS: A Framework for Infrastructure Interdependency Modeling and Analysis[C]// Simulation Conference, 2006. WSC 06. Proceedings of the Winter. IEEE, 2006:478-485

[23] Rae Zimmerman. Social Implications of Infrastructure Network Interactions[J]. Journal of Urban Technology, 2001, 8(3):97-119

[24] Little R G. Toward More Robust Infrastructure: Observations on Improving the Resilience and Reliability of Critical Systems[C]// Hawaii International Conference on System Sciences. 2003:58a-58a

[25] Utne I B, Hokstad P, Vatn J. A method for risk modeling of interdependencies in critical infrastructures[J]. Reliability Engineering & System Safety, 2011, 96(6):671-678

[26] Hyeung-Sik J. Min, Walter Beyeler, Theresa Brown, et al. Toward modeling and simulation of critical national infrastructure interdependencies[J]. Iie Transactions, 2007, 39(1):57-71

[27] Santella N, Steinberg L J, Parks K. Decision Making for Extreme Events: Modeling Critical Infrastructure Interdependencies to Aid Mitigation and Response Planning[J]. Review of Policy Research, 2009, 26(26):409-422

[28] Samsa M, Van Kuiken J, Jusko M. Critical infrastructure protection decision support system decision model: overview and quick-start user's guide[R]. Argonne National Laboratory (ANL), 2008

[29] Buldyrev S V, Parshani R, Paul G, et al. Catastrophic cascade of failures in interdependent networks[J]. Nature, 2010, 464(7291):1025-8

[30] Parshani R, Buldyrev S V, HavlinS. Interdependent Networks: Reducing the Coupling Strength Leads to a Change from a First to Second Order Percolation Transition[J]. Physical Review Letters, 2010, 105:048701

[31] Buldyrev S V, Shere N W, Cwilich G A. Interdependent networks with identical degrees of mutually dependent nodes[J]. Physical Review E, 2011, 83(1): 016112

[32] Huang X, Gao J, Buldyrev S V, et al. Robustness of interdependent networks under targeted attack[J]. Physical Review E, 2011, 83(6): 065101

[33] Horvath S. Weighted network analysis: applications in genomics and systems biology[M]. Springer Science & Business Media, 2011

[34] Stuart J M, Segal E, Koller D, et al. A gene-coexpression network for global discovery of conserved genetic modules[J]. science, 2003, 302(5643): 249-255

[35] Reverter A, Chan E K F. Combining partial correlation and an information theory approach to the reversed engineering of gene co-expression networks[J]. Bioinformatics, 2008, 24(21): 2491-2497

[36] Villa-Vialaneix N, Liaubet L, Laurent T, et al. The structure of a gene co-expression network reveals biological functions underlying eQTLs[J]. PloS one, 2013, 8(4): e60045

[37] Donges J F, Zou Y, Marwan N, et al. The backbone of the climate network[J]. EPL (Europhysics Letters), 2009, 87(4): 48007

[38] Gozolchiani A, Havlin S, Yamasaki K. Emergence of El Niño as an autonomous component in the climate network[J]. Physical review letters, 2011, 107(14): 148501

[39] Wang Y, Gozolchiani A, Ashkenazy Y, et al. Dominant imprint of rossby waves in the climate network[J]. Physical review letters, 2013, 111(13): 138501

[40] Mheen M, Dijkstra H A, Gozolchiani A, et al. Interaction network based early warning indicators for the Atlantic MOC collapse[J]. Geophysical Research Letters, 2013, 40(11): 2714-2719

[41] Zhou D, Gozolchiani A, Ashkenazy Y, et al. Teleconnection paths via climate network direct link detection[J]. Physical review letters, 2015, 115(26): 268501

[42] Naylor M J, Rose L C, Moyle B J. Topology of foreign exchange markets using hierarchical structure methods[J]. Physica

A: Statistical Mechanics and its Applications, 2007, 382(1): 199-208

[43] Tumminello M, Lillo F, Mantegna R N. Correlation, hierarchies, and networks in financial markets[J]. Journal of Economic Behavior & Organization, 2010, 75(1): 40-58

[44] Kenett D Y, Tumminello M, Madi A, et al. Dominating clasp of the financial sector revealed by partial correlation analysis of the stock market[J]. PloS one, 2010, 5(12): e15032

[45] Li D, Kosmidis K, Bunde A, et al. Dimension of spatially embedded networks[J]. Nature Physics, 2011, 7(6):481-484

[46] Cohen R, Erez K, Ben-Avraham D, et al. Breakdown of the Internet under intentional attack[J]. Physical review letters, 2001, 86(16): 3682

[47] Neumayer S, Zussman G, Cohen R, et al. Assessing the impact of geographically correlated network failures[C]//MILCOM 2008-2008 IEEE Military Communications Conference. IEEE, 2008: 1-6

[48] Berezin Y, Bashan A, Danziger M M, et al. Localized attacks on spatially embedded networks with dependencies[J]. Scientific reports, 2015, 5

[49] Debenedetti P G, Stanley H E. Supercooled and glassy water[J]. Journal of Physics Condensed Matter, 2003, 15(6):40-46

第 5 章 关键基础设施网络的故障动态传播

　　故障的动态传播，是指发生在关键基础设施网络局部的微小扰动，所引发"多米诺骨牌"式的故障时空传播行为。上一章所讨论的故障相关性是故障传播的静态属性。随着关键基础设施网络的规模和耦合程度不断增长，故障的动态传播将更为复杂，并带来更大的风险。因此，深入研究关键基础设施网络的故障传播行为、认识故障传播规律，是发展关键基础设施网络可靠性理论和技术的重要基础。本章围绕关键基础设施网络中的动态故障传播，从级联失效模型、故障的传播速度、故障的传播与恢复这三个方面，介绍了目前在复杂系统故障传播模型和方法上的研究成果、故障动态传播的时空特点，以及引入恢复之后对故障传播的影响。

5.1　级联失效模型

　　在实际关键基础设施网络发生初始的局部故障后，故障往往会通过系统中复杂的耦合关系传播,引发其他部件故障,从而产生连锁反应,最终导致相当一部分节点甚至整个网络的崩溃。这种现象称为级联失效(cascading failures)[1]。电力网络[2]、交通网络[3]、金融系统[4]等各类复杂系统都曾发生由于局部故障扰动的传播导致网络全局性崩溃[5~10],最终造成灾难性后果的重大事故。例如,2003年8月14日,美国俄亥俄州输电线路的局部故障引发级联的超载失效,最终造成了美国历史上最大的停电事故——美国东北部和加拿大东部大范围停电,受影响人数高达5000万人,造成了不可估量的经济损失[11]。因此,级联失效已经成为关键基础设施网络的主要故障模式。

级联失效这一研究方向显著收到了复杂网络研究的影响。近十几年来,各种针对故障传播的级联失效模型陆续被提出。故障传播的本质原因是系统内固有的复杂耦合关系。按照耦合关系的不同,级联失效模型可以分为基于功能耦合的级联失效模型和基于结构耦合的级联失效模型。

5.1.1 基于功能耦合的级联失效模型

在基于功能耦合的级联失效模型中,故障间没有可见的因果关系,故障间的耦合关系一般通过网络功能重构(比如流量的重分布)来隐性体现。具体表现为网络中的节点或边都承担一定的初始流量负荷,当有节点或边发生故障时,网络上的流量需要重新分配,这种流量重分布行为有可能引发其他节点或边的过载,从而引起级联失效。当网络中的流量达到新的动态平衡时,故障传播才会停止。按照故障节点的影响范围,这一类的级联失效模型可以分为局部影响模型和全局影响模型。

1. 局部影响模型

这类模型中,故障节点或边仅对近邻(nearest neighbor)产生影响。所谓近邻,指的是两个节点之间有边直接相连(也称为邻居节点)或两条边直接与同一节点相连。这种情况下,故障通过这种局部影响传播。

(1)沙堆模型(sand pile model)

1987年,Bak、Tang和Wiesenfeld三位物理学家为了研究自组织临界现象(self-organized criticality,SOC)提出了沙堆模型[12],也被称为BTW高度模型(BTW-height model)。沙堆模型可以用来描述级联失效的动态过程,二维网格(Lattice)上的沙堆模型为:①为网格中的每个点赋予一个高度值 h_i 和高度阈值 h_c(均为整数);②在每一个时间步上,随机选择一个节点 i,将它的高度值 h_i 增加1,即 $h_i \to h_i+1$;③若 $h_i > h_c$,则认为节点 i 的沙堆发生沙崩,引发局部的沙堆高度重分布,即 $h_i \to h_i - q$,$h_j \to h_j +1$,其中 j 为 i 的邻居节点,q 为邻居节点个数。1995年,Bonabeau等人[13]将沙堆模型应用于ER随机图的研究,发现雪崩规模的分布具有幂律特性,其幂律指数约为1.5。2002年,

Arcangelis 等人[14]将沙堆模型应用于小世界网络的研究,其中小世界网络通过对 Lattice 网络比例为 p 的边的重连得到。研究发现,雪崩规模和持续时间均服从幂律分布,且随着 p 值的增大而增长,当 $p \to 0$ 时,它们的幂律指数与经典 BTW 模型一致,分别为 1 和 0.5;当 $p \to 1$ 时,它们的幂律指数与平均场理论值一致,分别为 1.5 和 1。2003 年,Goh 和 Lee 等人[15]在沙堆模型的基础上,假设网络中节点的高度阈值 h_c 等于其邻居节点的数目,并将其应用于 BA 无标度网络的研究,发现当网络度分布幂指数 $2 < \gamma < 3$ 时,雪崩规模的幂律指数 $\tau = \gamma/(\gamma - 1)$;当 $\gamma > 3$ 时,为平均场理论值 $\tau = 1.5$。2004 年,Lee 和 Goh[16]又进一步假设 BA 无标度网络中节点的高度阈值 h_c 为一个与该节点邻居节点个数有关的幂函数。其他还有一些文献运用生态、地质等系统中的自组织临界模型研究了网络的级联失效[17,18]。

(2)纤维束模型(fiber-bundle models)

2002 年,Moreno 等人基于纤维束模型[19]的框架,提出了一个级联失效模型来研究无标度网络中节点的故障传播[20]。该模型假设网络承受某一外部压力(负荷)F,该负荷平均分配给网络中的每个节点。这样,每个节点承担的负荷 $\sigma = F/N$,其中 N 是网络节点总数。模型还为每个节点赋予一个服从某种概率分布的安全阈值 $\sigma_{i_{th}}(1 \leq i \leq N)$。若节点的负荷超过其阈值,则该节点发生故障并被移除,其负荷平均地分到与之直接相连的无故障节点上。当网络中所有剩下节点的负荷都低于其安全阈值时,网络达到了新的平衡状态,级联失效传播终止。

（3）二元决策模型

2002年，Watts等人[21]研究社交系统中的级联失效，提出了一种属于外部二元决策（binary decisions with externalities）问题[22]的级联失效模型。该模型假设网络中的所有节点只有正常（用0表示）和故障（用1表示）两种状态，而每个节点的状态由其邻居节点的状态决定，若其邻居节点中故障节点的比例超过某一阈值Φ，则认为该节点故障。在初始时所有节点都为正常状态，通过随机选择一些节点变为故障状态而引入扰动。模型研究了度分布和节点阈值分布均可任意给定的随机网络的故障传播，并发现节点阈值的异质程度越大，网络面对级联失效越脆弱；而节点度的异质程度越大，网络的鲁棒性越好。随后，文献[23][24][25]在该模型的基础上，对模型的网络参数、阈值条件、相变过程等进行了探究。

（4）边阈值模型（threshold model）

2003年，Moreno等人研究BA无标度网络中由于边的拥堵所引发的级联失效，提出了一个边阈值模型[26]。模型为连接节点i和j的边分配服从某一均匀分布的负荷$l_{i,j}$（$0<l_{i,j}<1$）来模拟网络中沿着边传递的数据包的通信量，并赋予所有边相等的常数容量C（文中取$C=1$）。初始时随机选择一条边令其发生拥堵（故障），则该边承载的负荷将依据两种方式传递给不拥堵的邻居边：①确定重分布规则：拥堵边的负荷平均分配给所有不拥堵邻居边；②随机重分布规则：给拥堵边的不拥堵邻居边都增加一个随机负荷。如果邻居边由此超负荷，则发生级联失效；

如果所有边均不超负荷,则级联失效停止。值得注意的是,若最后拥堵边没有正常工作的邻居边时,则其负荷有两种处理方式:①保留,并将其平均分配给网络中所有不拥堵的边;②直接丢弃(类似路由过程的丢包)。文章比较了不同的负荷传递方式,发现确定重分布规则与保留最后拥堵边负荷的方式具有最好的鲁棒性。

(5) 基于 CML (coupled map lattices) 的模型

2004 年,汪小帆和许建提出了一种基于 CML (耦合映像格子) 的级联失效模型[27]。模型中节点 i 在 $t+1$ 时刻的状态值 $x_i(t+1)$ 可以通过节点前一时刻的状态 $x_i(t)$、邻居节点前一时刻的状态 $x_j(t)$、节点的度及耦合强度等参数的函数表征。在某一时刻对某个节点施加一个外部扰动,该节点发生故障后,它的所有邻居节点都将受到影响且状态发生改变;若受影响节点的状态值超过阈值则发生故障,引起新一轮的状态值变化,如此反复进行直到所有节点的状态值都不超过阈值。文献研究了在全局 CML、WS 小世界 CML 和 BA 无标度 CML 这些网络中外部扰动强度对级联失效的影响,并比较了在不同拓扑结构中级联失效的发生条件。

2. 全局影响模型

这类模型中,故障节点会直接导致不相邻甚至距离很远的节点或边的故障,从而影响整个网络的故障状态。这种情况下,故障通过这种全局影响传播。由于介数是一种全局性拓扑度量参数,因此这类模型中往往将节点的介数定义为其负荷。

(1) Motter-Lai 模型

2002 年,Motter 和 Lai 提出了一个级联失效模型[28],模型假设网络节点对之间会进行某种信息或流的交换,并通过节点间的最短路径进行传输。网络中每个节点都有一个负荷(load)和一个容量(capacity),负荷为该节点的介数,容量则正比于该节点的初始负荷。即对于节点 i 来说 $C_i = (1+\alpha)L_{i0}$,其中 C_i 为节点 i 的容量,L_{i0} 为节点 i 的初始负荷,α 为容忍参数(tolerance parameter)($\alpha \geq 0$)。通过移除网络中的一个节点(不同的选择方式)为网络引入初始扰动,则随着该节点的移除,网络拓扑结构发生变化,从而导致其他节点的介数(负荷)也随之变化。若此时某个节点的负荷超过其容量,则该节点发生级联失效并被移除。重复上述过程,直到网络中所有节点的负荷都不超出其容量,则级联失效结束。文献[28]基于这一模型比较了在均匀网络、无标度网络和实际网络中,不同初始故障方式(随机攻击、攻击度最大节点、攻击初始负荷最大节点)下网络对级联失效的鲁棒性。研究发现,对于均匀网络而言,不同的初始故障方式对网络级联失效的影响几乎没有区别,即网络鲁棒性只与容忍参数有关。而对无标度网络来说,网络对随机初始故障具有较高的鲁棒性,但对其他两种故障方式下尤其是攻击初始负荷最大节点时较为脆弱。

2014 年,Li 等人[29]将渗流与该模型结合,通过随机移除网络（1-p）比例的节点为网络引入初始扰动。此时网络的级联失效行为将同时受到原模型中容忍参数 α 和新引入的渗流参数 p 的影响。文章研究了在这两个主要控制参数下网络对级联失效的鲁棒性，并且发现在给定的 α 下，网络将随着 p 值的改变发生级联失效相变，相变点对应临界阈值 p_c。

（2）基于性能降级的级联失效模型

2004 年，Crucitti 等人提出了一个基于节点性能降级的级联失效模型[30]。该模型可以看做是 Motter-Lai 模型的变型，因为它同样定义节点的介数为其负荷，且对节点 i 来说容量 $C_i = (1+\alpha)L_{i0}$，其中各参数的定义与 Motter-Lai 模型相同。不同的是，该模型中故障节点不再从网络中移除，而是令其性能降级。模型假设网络为加权网络，节点 i 与 j 之间的边的权重用 w_{ij} 表示，是 (0,1] 区间的随机数。边的权重度量了它的传输效率，即权重越大，效率越高；反之，效率越低。这可以类比为实际计算机网络中带宽的概念。初始时刻 $t=0$ 时，所有边的权重都为 1，意味着所有的传输线路都工作在相同的最佳状态。随后，随机移除网络中的一个节点作为初始扰动。与 Motter-Lai 模型一样，网络拓扑结构的变化会导致每个节点的介数（负荷）发生变化，从而可能引发超负荷级联失效。对于 t 时刻的每个失效节点 i，并不将其从网络中移除，而是更新它所有边在下一时刻的权重 $w_{ij}(t+1) = w_{ij}(0) \cdot \dfrac{C_i}{b_i(t)}$，其中节点 j 是节点 i 的邻居节点，$w_{ij}(0)$ 为初始权重，$b_i(t)$ 为节点 i 在 t 时刻的介数。这样做会减少下一时刻通过该节点的最短路径数,其现实意义是网络中的信息流或数据包会绕过已经发生拥堵的节点而选择其他路径。文章使用网络效率 E 的减少值来衡量级联失效的影响,通过将该模型应用于同样规模的 ER 随机网络和 BA 无标度网络,比较得出 ER 随机网络抵抗级联失效的能力比 BA 无标度网络强、基于负荷的蓄意攻击方式比随机故障更容易引发级联失效的结论。

(3) 网络增长级联失效模型

2002 年,Holme 等人提出了一种由网络增长导致的节点超负荷模型[31]。该模型在 BA 无标度网络模型的基础上,定义每个节点的介数 C_B 为其负荷,并考虑了两种赋予节点容量的方式:①节点容量 $C_B^{\max}$ 随网络规模(节点数)线性增长的 ECA(extrinsic communication activity)方式,即 $C_B^{\max}(N) = NC_B^{\max}$;②节点容量 $C_B^{\max}$ 为恒定常数的 ICA(intrinsic communication activity)方式。模型并不通过初始故障引入扰动,而是随着网络规模的增长、网络拓扑结构发生改变,从而导致每个节点的介数(负荷)发生变化,引起节点的超负荷故障。与 Motter-Lai 模型不同的是,该模型中的故障节点并不会被移除,而是只移除故障节点的所有边,后续新增的节点依然可以连接到该节点上。我们比较了两种节点容量赋予方式下 BA 无标度网络中的级联失效情况,发现在 ICA 方式下级联失效的发生不可避免;同时,采用优先连接的网络增长方式比采用随机连接的网络增长方式发生的级联失效更加迅速和剧烈。

2004年，Holme将此模型扩展到边的超负荷级联失效[32]，即在BA无标度网络模型的基础上，定义每条边的介数$C_B(e)$为其负荷，每条边的容量都为同一常数。随着网络规模的增长，在每一时间步重算每条边的介数并移除一条超负荷故障边（如果同时有多条边超负荷，则随机移除一条）。重复这一过程，直到没有超负荷边，则进入下一时间步。发现在上述过程中，采用优先连接的网络增长方式与采用随机连接的网络增长方式对网络级联失效的影响非常相似。

（4）OPA（ORNL-PSerc-Alaska）模型

2002年，Dobson与Carreras等人研究了电网中大停电事故的实证数据和动态过程，提出了一个电力网络级联失效模型——OPA模型[33][34][35]。该模型研究了考虑用户用电量需求变化、电网容量变化等因素的电网状态演化，并用两个子过程来描述电网状态演化至发生级联失效的过程。这两个过程按时间尺度可以分为慢动态（slow dynamics）过程和快动态（fast dynamics）过程。慢动态过程描述了网络负载增长、网络升级等大尺度时间上的系统行为，并将导致电网状态逐渐向自组织临界状态演化。这一过程可能经过几年甚至十几年的演化。快动态过程描述了电网达到临界状态后所发生的由随机故障（天气、误操作等原因导致）或节点功率调整（输电线过载的工程反应）等引发的级联失效。这一过程一般只需要几个小时甚至几分钟。

为研究级联失效，我们主要介绍快动态过程的OPA模型。该模型中每个节点都有一个输入功率 P_i，并且将电网中的节点

分为两类——用户节点（loads）和发电节点（generators）。用户节点的输入功率为负值，表示其消耗功率；发电节点的输入功率为正值，表示其产生功率。发电节点产生的功率有最大值限制，即 $0 \leqslant P_i \leqslant P_i^{\max}$，$i \in G$；整网功率需满足 $\sum_{i \in G \cup L} P_i = 0$。模型中每条边都有一个潮流值和最大允许潮流值，以连接节点 i 和 j 的边为例，二者分别用 F_{ij} 与 $F_{ij}^{\max}$ 表示，且 $|F_{ij}| \leqslant F_{ij}^{\max}$。在已知网络总功率需求的情况下，可以根据电网直流潮流方程（dc power flow equations）算出网络每个节点的输入功率与每条边的潮流值。为了尽可能减小甩负荷（load shed，电网产生的功率与功率需求的缺口）的损失，还需要对电网进行优化。因此，在解直流潮流方程的同时，选择甩负荷代价作为目标函数 $\mathrm{Cost} = \sum_{i \in G} P_i(t) - W \sum_{j \in L} P_j(t)$，通过最小化目标函数对网络参数进行优化，从而得到节点输入功率与边潮流的最优解。模型主要考虑边的超负荷。如果某条边的潮流值超过其最大允许潮流值的 99%，则该条边以 p_1 的概率发生故障。故障边并不会被移除，而是通过将其阻抗乘以某一较大常数 κ_1、将其最大允许潮流值除以某一较大常数 κ_2，使得通过该边的潮流值几乎为 0。每次边的故障都会引发基于直流潮流方程和甩负荷代价优化的整网潮流重分布，多次迭代此过程直到所有边都不发生超负荷，则级联失效停止。

（5）CASCADE 模型

2003 年，Dobson 与 Carreras 等人为了研究电网中的临界负荷和级联失效故障规模的概率分布，提出了 CASCADE 模型[36]。模型假设网络中 n 个节点都相似，并为每个节点分配某一随机的服从均匀分布 $[L^{\min}, L^{\max}]$ 的初始负荷 L_j ($j \in 1, 2, \cdots, n$) 和常数故障阈值 L_{fail}，即当 $L_j > L_{\text{fail}}$ 时，认为节点 j 故障。当某一节点超负荷故障后，会将一个固定大小的负荷 P 传给其他所有正常节点。初始时每个节点都是正常状态，随后为每个节点都添加一个初始扰动负荷 D 并检测所有节点的负荷。若此时有 m 个节点超负荷故障，则为网络中其他每个正常节点添加 mP 的附加负荷，并再次检测所有正常节点的负荷。重复上述过程直到没有超负荷故障发生为止。相比于 OPA 模型，CASCADE 模型比较简单，但是可以用于研究电网在不同负荷下故障规模的概率分布特征。

5.1.2 基于结构耦合的级联失效模型

在基于结构耦合的级联失效模型中，故障间具有可见的因果关系，故障间的耦合关系一般通过网络节点间的耦合边（dependency links）或耦合集团（dependency clusters）来显性体现。具体表现为当网络中的某些节点之间存在超越了连接边（connectivity links）之外的依赖关系时，用节点间的耦合边或耦合集团来表示这种依赖关系。对于用耦合边或耦合集团连接的节点，如果其中一个节点发生故障，那么其他节点自动失效。在这样的网络中，初始的节点故障有可能导致网络中节点脱离最大子团的渗流过程和依赖关系造成的耦合失效过程交替发生,从而引起系统的级联失效。按照节点间耦合方式的不同,这一类的级联失效模型可以分为无约束随机耦合模型与含空间约束的耦合模型。

1. 随机耦合模型

这类模型中,节点之间的耦合边或耦合集团是随机产生的,不受其他条件约束。下面将分别介绍耦合网络和单网中的这类级联失效模型。

(1) 耦合网络 (interdependent networks)

在现实世界中,来自不同网络的节点间可能存在依赖关系。例如,电网节点需要计算机网络节点控制它的发电、配电等过程,而计算机网络节点也需要电网节点为其提供电力。由这样的不同网络节点间的耦合关系连接而成的网络,就是耦合网络。

2010年,Buldyrev 等人首次研究了具有耦合关系的两个网络间的级联失效过程,提出了耦合网络的级联失效模型[37],其级联过程如图 5-1 所示。模型中网络 A 和网络 B 具有相同的节点数 N,网络 A 中每个节点 $A_i(i=1,2,\cdots,N)$ 的正常运行,都依赖于网络 B 中有且仅有一个与之耦合的节点 B_i 的正常运行;反之亦然。也就是说,若 A_i 故障,则 B_i 也随之故障;若 B_i 故障,则 A_i 也随之故障。模型用双向的耦合边来表示这种一对一的耦合关系,网络中的每个节点都拥有一条且仅有一条耦合边(全局耦合），并且这种耦合关系是随机建立的。节点的级联失效有两种产生模式：①节点孤立于其所在网络的最大子团而失效；②节点受另一网络中耦合节点失效的影响而失效。此时随机攻击网络 A 中一定比例的节点，有可能引发两个网络间的级联失效过程：①网络 A 中的其他节点由于初始移除而脱离最大子团而发生故障；②与网络 A 的故障节点有耦合关系的网络 B 中的节点发生故障；③网络 B 中的其他节点脱离最大子团而故障，进而导致网络 A 的耦合节点故障。以上过程交替发生，直到网络到达平衡状态。

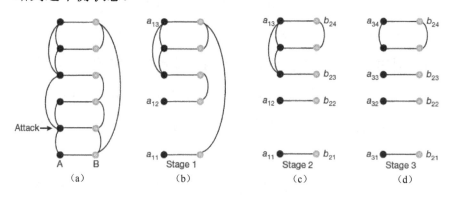

图 5-1　耦合网络级联失效过程示例[37]

图中，(a) 网络 A 中的一个节点受攻击失效被移除（失效节点的边也被移除，下同）；(b) Stage 1：网络 B 中与该节点耦合的节点随之故障，网络 A 随着失效节点的移除分裂为 3 个子团，分别用 a_{11}、a_{12} 和 a_{13} 表示；(c) Stage 2：因为 a_{11}、a_{12} 均脱离网络 A 的最大子团，导致网络 B 中与其耦合的节点失效且边被移除。此时网络 B 分裂为 4 个子团，分别用 b_{21}、b_{22}、b_{23} 和 b_{24} 表示；(d) Stage 3：与网络 B 中脱离最大子团的节点耦合的网络 A 中的节点失效且边被移除，网络 A 分裂为 4 个子团，分别为 a_{31}、a_{32}、a_{33} 和 a_{34}。此时 a_{34} 和 b_{24} 均为各自网络的最大子团且不再有新的故障发生，网络达到平衡状态，级联失效停止。

文献[37]利用上述模型对不同的耦合网络进行了数值模拟和基于渗流理论的解析计算，发现相较于普通网络中的渗流过程，耦合网络更易在随机故障下崩溃。并且，耦合网络的度分布越宽，其对随机故障越脆弱，这与不考虑级联失效的网络鲁棒性结论正好相反。文献[38]利用上述模型研究了在蓄意攻击下耦合无标度网络和 ER 随机网络的级联失效，发现即使对网络中的度大节点施以重点保护措施，对耦合网络级联失效的鲁棒性提高的作用也并不大，这说明保护度大节点能显著提高网络鲁棒性的结论只针对单网的蓄意攻击而言。

同年，Parshani 等人[39]在上一模型的基础上，提出耦合网络间不一定为全局耦合的模型，即引入耦合比例 q 来度量两个网络之间的耦合强度，认为 q 不一定为 1。网络 A 和网络 B 中拥有耦合边的节点比例分别用 q_A 和 q_B 表示。文章研究不同种类的耦合网络后发现，随着网络间的耦合强度由强变弱（q 由大变小），耦合网络级联失效的相变过程将由一阶渗流相变变为二阶渗流相变。2011 年，胡延庆等人[40]提出了网络间既具有耦合边又具有连接边的耦合网络级联失效模型，并且发现在这种耦合网络的级联过程中存在着一种结合了一阶渗流相变和二阶渗流相变的混合相变过程（hybrid transition）。同样在 2011 年，Shao 等人[41]将不同网络节点间一对一的耦合关系扩展到了多重的供给-依赖关系（multiple support-dependence relations）。所谓多重，指的是两个网络的节点之间不再一一对应耦合，网络 A 中的一个节点可以与网络 B 中的多个节点相互耦合，对网络 B 也是如此。供给-依赖关系，体现在耦合边的有向性上。之前模型中的双向耦合边，表示两个耦合节点的故障可以相互影响。而在该模型中，耦合边是从供给节点指向依赖节点的有向边，供给节点的故障会导致其依赖节点由于缺乏必要的输入资源而故障；反之，依赖节点故障则不会对其供给节点造成影响。文章对这类有向耦合边在不同度分布下的级联失效过程进行了解析计算和数值模拟。

（2）单网（single networks）

2011年，Parshani等人[42]将耦合边这一概念引入单网中，即在一个网络中同时存在连接边和耦合边。如图5-2所示，图中实线为连接边，表示实际存在的拓扑连接关系；虚线为耦合边，表示节点之间的耦合关系。耦合边的密度用拥有耦合边的节点数占总节点数的比例 q 表示。耦合边在单网故障传播中的作用与其在耦合网络中的作用一样，即由耦合边相连的两个节点的故障状态相互影响，一个失效则另一个自动失效。同时存在连接边和耦合边的网络中的级联失效与耦合网络中的类似，也存在节点孤立于最大子团的渗流故障与节点间的耦合故障交替进行的过程，所不同的是这两个过程在一个网络中迭代发生（如图5-2所示）。文章以不同类型网络为研究对象，通过改变耦合边的密度来观察其对级联失效的影响，发现高耦合密度（q 较大）对应网络的一阶渗流相变；低耦合密度（q 较小）对应网络的二阶渗流相变。并且，与只存在连接边的网络不同的是，同时存在连接边和耦合边的网络度分布越宽，网络反而越脆弱。这与上文耦合网络的结论一致[37,39]。

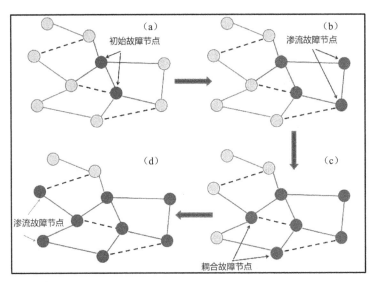

图 5-2　同时存在连接边和耦合边的单网级联失效过程示例[42]

图中，网络中的连接边用实线表示，耦合边用虚线表示。网络发生由渗流和耦合边导致的迭代级联失效过程。(a) 网络中的两个节点发生初始故障，故障节点及其边用红色表示；(b) 渗流过程，此过程中脱离了最大子团的节点及其边发生故障（用红色表示）；(c) 耦合失效过程，网络中与故障节点存在耦合关系（有耦合边相连）的节点及其边发生故障（用红色表示）；(d) 渗流过程，上一步导致的新的脱离最大子团的节点及其边发生故障（用红色表示）。

在上述 Parshani 等人的研究中，存在耦合关系的节点数始终为 2。然而在实际生活中，复杂系统内可能存在多个节点相互耦合的依赖关系。以公司及其贸易合作关系组成的金融网络为例。对于同一个所有人名下的公司，如果其中一家公司倒闭，那么所有人名下的其他公司很可能也因为资金问题而倒闭。因此，Bashan 等人[43]将连接两个节点的耦合边推广为耦合集团（dependency clusters），来表示多个节点间的耦合关系，其大小

用 s 表示。如图 5-3 所示,图中存在用红色、蓝色和绿色节点表示的 3 个耦合集团,其大小分别为 3、4 和 2。耦合集团中任一节点的故障都会导致集团内其他节点的耦合故障。存在耦合集团的网络中的故障传播过程同样由渗流故障和耦合故障交替迭代进行。作者考察了不同的耦合集团大小 s 的分布,包括网络中所有的 s 均为一固定值、s 服从正态分布和 s 服从泊松分布,并通过解析计算比较了不同的耦合集团大小的分布对网络鲁棒性的影响。

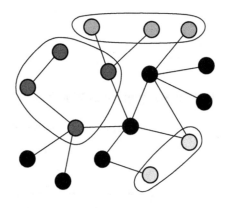

图 5-3　耦合集团示意图[43]

图中,存在用红色、蓝色和绿色节点表示的 3 个耦合集团,其大小分别为 3、4 和 2。耦合集团中任一节点的故障都会导致集团内其他节点的耦合故障。

在现实生活中,网络中的耦合边和连接边也并非总是独立存在的,节点中的一条边可能既是耦合边又是连接边,也就是说,耦合边和连接边之间存在着重叠。还是以金融网络为例,两个公司之间的交易可以看作网络中的连接边。但如果两家公司之间的关系是供给关系,那么这种交易关系也可以看做一种依赖关系，如果一家公司倒闭，那么另一家公司也可能由于缺少原材料或者经销商而倒闭。李明等人[44]研究了当耦合边和连接边存在部分重叠时网络的故障传播，发现耦合边的存在并非总是使网络的渗流相变变得剧烈。研究发现，当耦合边和连接边的重叠比例较低时，网络会经历一个一阶相变，变得更加脆弱；当耦合边和连接边的重叠比例较高时，多数节点都会与其邻居节点耦合，由耦合关系引起的级联失效也被限定在较小的区域内，网络的相变变为二阶相变，且对随机故障比较鲁棒。

2. 空间约束耦合模型

在实际复杂系统中，不仅系统本身受到空间约束，系统之间的耦合关系也有可能受空间约束。例如考虑一个由电力网络和港口运输网络组成的耦合网络，一个港口需要附近的发电站为其提供电力，而一个发电站则需要附近的港口为其输送燃料。因此，电网中一个发电节点的故障将会导致其附近的港口发生故障；反之亦然。因此，Li Wei 等人[45]于 2012 年提出了一个考虑空间约束耦合的级联失效模型。模型中两个二维网格 A 和 B 相互耦合，网络 A 中的节点 A_i（坐标为(x_i, y_i)）在网络 B 中有且仅有一个耦合节点 B_j（坐标为(x_j, y_j)），二者之间由耦合边相连，需要满足约束条件$|x_i - x_j| \leqslant r$ 和 $|y_i - y_j| \leqslant r$，如图 5-4 所示。其中 r 表示一个网络中的节点能够从另一个网络中获得资源支持的最大距离，在满足这一空间距离约束的条件下，耦合节点

可以随机选择。

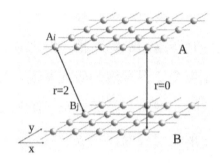

图 5-4 含有空间约束耦合边的网络示例[45]

图中，两个二维网格网络 A 和 B 相互耦合，网络 A 中的节点 A_i（坐标为(x_i, y_i)）在网络 B 中有且仅有一个耦合节点 B_j（坐标为(x_j, y_j)），二者之间由耦合边相连，需要满足约束条件$|x_i - x_j| \leqslant r$ 和 $|y_i - y_j| \leqslant r$。

文献[45]对 r 取不同值下耦合网络的级联失效过程进行了数值模拟和理论推导，发现当$r < 8$时，级联失效的渗流过程为二阶连续相变；当$r > 8$时，为一阶相变。还发现对于前一种情况，网络随机故障比例 $1-p_c$ 的临界值 p_c 随 r 的增大而线性增长，且在$r = 8$时达到最大值；而对于后一种情况，$1-p_c$ 随 r 的增大而逐渐减小。

2013 年，Bashan 等人[46]利用耦合网格网络来模拟受到空间约束的耦合网络，通过引入耦合节点比例 q 这一参数（文献[45]中 $q=1$）发现相对于不受空间约束的耦合网络，具有空间约束的耦合网络不存在临界耦合比例。也就是说，只要嵌入空间的两个网络间存在节点间的耦合（即只要 $q>0$）就有可能导致整个系统的崩溃，理论推导和数值模拟都得到了相同的发现。

2014年，Danziger等人在文献[45]的基础上，引入了耦合节点比例q，发现对于所有的$q>0$，耦合空间约束距离r都存在一个临界值$r_c(q)$，当$r>r_c(q)$时，为一阶相变[47]。文章还发现临界值$r_c(q)$会随着q的减小而单调递增，并且$\lim_{q\to 0^+} r_c(q)=\infty$。

5.2 故障的传播速度

从故障原因的角度来说，级联失效过程中一些故障源自结构的相关性，而另外一些故障则是由于过载。与第一种故障不同，由于系统内的交互作用，这种具有蝴蝶效应的级联过载失效甚至能从一个微小的扰动发展成灾难性的破坏，且常常通过不可见的路径传播。在结构性失效中，故障传播依赖节点在网络中的直接连接，而过载失效则通过传播路径的变化造成更多节点过载并失效。虽然上述故障的时空传播特性至关重要，相关研究仍然较少。因此，本节介绍在这方面的研究成果[48]。

我们关注空间嵌入网络中由于局部故障导致的级联失效。这种初始时仅发生于局部区域的故障在自然灾害和恶意攻击中十分常见。为了研究其时空传播特性，我们引入$r_c(t)$和$F_r(t)$两个参量[48]。其中$r_c(t)$表示新失效节点距初始故障中心的平均距离，而$F_r(t)$表示该阶段时的新失效节点数目。$r_c(t)$可以帮助系统维护者在距原始受击点合适的距离处设置防火墙，而$F_r(t)$告诉系统维护者防火墙应该建多高。

在图 5-5 中，展示了仿真过程中不同阶段级联失效传播的快照。可以看出，级联失效以初始故障为中心近似放射状地传播，直至系统边界。具体地，空间上距离初始故障较近的节点首先失效，这样每一阶段新失效的节点形成一个环形，且该环形随失效传播而膨胀直至系统边界。

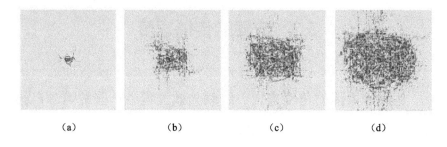

(a)   (b)   (c)   (d)

图 5-5   网络上级联失效的传播[48]

图中，模型网络为 200*200 的 Lattice 网络，网络中边的权重服从 σ=0.01 的高斯分布。初始攻击网络中心 6*6 的节点（用红色表示），模型的容忍参数 α=0.5。abcd 四幅图中，深蓝色节点代表在当前阶段当中刚刚失效的节点，黑色节点代表本阶段之前就已经失效的节点，青色的节点代表目前尚未失效的节点。abcd 分别对应级联失效的第 1、3、5、7 阶段。

如图 5-6（a）所示，意外地发现，级联失效在空间传播的速度几近恒定，不随时间改变，直到传播到边界。在图 5-6（b）中，对于不同规模的网络，失效节点数目 $F_r(t)$ 在几乎相似的时间点达到最大值，这意味着规模大的系统中级联失效传播的速度会快。图 5-6（c）和 5-6（d）则表明随着系统容忍能力的上升，级联失效传播速度持续降低，也即大的容忍能力可以延缓系统的崩溃速度，带来更长的防控窗口。

第 5 章　关键基础设施网络的故障动态传播

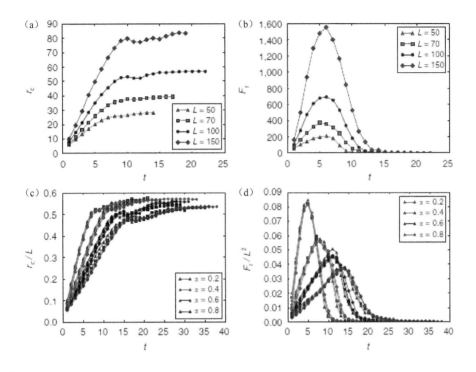

图 5-6　仿真中级联失效的时空传播[48]

图中，(a, b)传播过程中，每一步骤上 $r_c(t)$ 和 $F_r(t)$ 的情况；(c, d)反映了 $r_c(t)$ 和 $F_r(t)$ 与网络规模的关系。不同大小网络在图中用不同符号表示：L=70（三角形），L=80（方形），L=90（圆形），L=100（菱形）。

上述讨论主要针对仿真结果。为了更好地探索仿真中发现的级联失效的传播行为及它们与节点容忍能力之间的关系，我们进行了理论分析，如图 5-7 所示。在仿真中我们观察到级联失效以初始故障为中心近似放射状地传播，且在每一阶段新失效的节点形成一个环形。因此，在理论分析中我们假设实际网络嵌入到一个二维圆盘中，初始局部故障发生在一个半径为 a 的圆内（如图 5-7 所示红色圆形），主要的级联失效发生在与之相邻的圆环内（如图 5-7 所示青色圆环）。圆环的半径将由理论推

· 131 ·

导得到。经过圆环的最短路径的条数和长度的增加反映了负荷的增长。如果圆环内节点的负荷增长超出了其容忍能力（初始负荷的$(1+\alpha)$倍），则该节点在下一阶段失效，因此导致了级联失效的传播。

图 5-7 级联传播的理论模型[48]

图中，以一个真实的道路网络为背景，通过一个嵌入空间的二维圆盘来展现理论解析模型。圆盘以 O 点为圆心，半径为 1 个单位长度，初始故障发生在以 O 为圆心 a 为半径的局部区域（$a \ll 1$）。同样以 O 为圆心，半径在 a 和 b 之间的圆环被称为邻接圆环。A 是网络中的一个随机节点，与 O 的距离为 $r \leq 1$。这里我们假设 $r > b$，其他的情况可以作类似理论分析。AF 是从 A 到圆盘边沿任意一点 F 的直线，它与以 A 为圆心 b 为半径的圆有两个交点 B 和 E，与初始故障区域有两个交点 C 和 D。AJ 与故障区域相切于 G，AI 通过圆心 O，J 和 I 均为圆盘边沿上的点。

由于初始故障区域的存在，从某一给定节点 A 到图中阴影区域 s（如图 5-7 所示黑点区域）任一节点的最短路径长度都受到影响并增加了，因为新的最短路径必须绕过故障区域。具体来说，就是原本从 A 出发穿过故障区域的最短路径，被邻接圆环分成了两部分。以 AF 为例，它被分成了 BC 和 DE 两部分。对于第一部分 BC 而言，它在圆环中的最短路径长度由 BC 变成了 KG。对于第二部分 DE 而言，它在圆环上的过载可以通过对称性计算得到，即交换 A 节点和 F 节点（源汇节点）。最终，从 $r=a$ 到 $r=1$ 的积分，就覆盖了所有由于初始故障所引发的邻接圆环上的负荷增加，可以记作

$$\Delta L_r(a,b) = \int_a^b [\sqrt{r^2-a^2}s(a,r) - v(a,b,r)(s(a,r)+\pi a^2)]2\pi r dr + \int_b^1 [\sqrt{b^2-a^2}s(a,r) - v(a,b,r)(s(a,r)+\pi a^2)]2\pi r dr \quad (5\text{-}1)$$

其中，KG 的长度当 $r>b$ 时是 $\sqrt{b^2-a^2}$，当 $r\leq b$ 时是 $\sqrt{r^2-a^2}$。$s(a,r)$ 是区域 s 内（阴影部分）A 的所有目的节点的个数，$v(a,b,r)$ 是故障前最短路径在邻接圆环内的第一部分的平均长度。类似地，我们可以得到以 O 为圆心 b 为半径的圆内节点的初始负荷 $L_{\text{ini}}(b)$。那么，对于该圆内的节点来说，故障导致的负荷增长为

$$\Delta L = \frac{1}{2\pi b}\frac{\partial}{\partial b}\Delta L_r(a,b) \quad (5\text{-}2)$$

它的初始负荷为

$$L_0 = \frac{1}{2\pi b}\frac{\partial}{\partial b}L_{\text{ini}}(b) \quad (5\text{-}3)$$

对于网络中的每一个正常节点而言，其故障的临界条件是 $\alpha = \Delta L / L_0$。也就是说，如果 $\alpha \geq \Delta L / L_0$，它可以继续正常运行；反之，发生故障。

在图 5-8 中，比较了仿真结果和理论计算结果，证明我们建立的理论模型能够很好地估计级联故障传播的速度，对于不同的系统容忍参数，仅需一个常量修正。无论是理论计算值还是模拟仿真值都揭示了在给定系统规模和容忍能力的基础上，当前失效规模并不影响级联失效的传播速度。另外，也发现上述结论在多种网络模型和现实网络当中均是适用的。

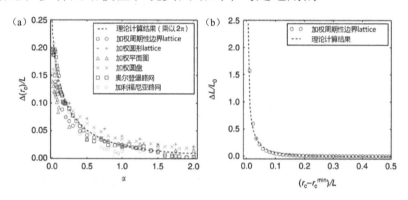

图 5-8　仿真结果和理论结果的比较[48]

图中，(a) 模型和实际结构中相对速度与容忍参数的函数关系。相对速度用 $\Delta(r_c)/L$ 来衡量，可以看出它是随 增加而减少的，并且这一速度值在不同模型网络和实际网络中非常接近；(b) 平均超负载与据故障起始点相对距离的函数关系。初始故障发生后加权 Lattice 网络和理论计算中的超负载分别用圆圈和虚线来表示。

同时，以这些结果为桥梁，可以将级联失效传播问题与耦合网络渗流模型关联起来，即不同特征长度的故障耦合连接可以作为更为简洁的模型来描述级联过载失效。建立该关联的重要意义在于，级联失效往往需要大量计算，极大地限制了所能研究的系统规模，而依赖网络渗流的讨论则仅需要较少的计算，使得讨论极大规模网络成为可能。

在实际应用中,当一个网络中扰动被检测到时,级联失效时空传播特性的相关知识对于预测和抑制网络故障不可或缺。与此同时,也需要注意到,现实系统中的级联失效常常源自不同动态过程如过载或操作的复杂交互,因此从该意义上讲,本章亦是探索级联失效背后所隐藏普适规律的初步探索。

5.3 故障的传播与恢复

由于故障传播为关键基础设施网络带来了巨大的威胁和极高的风险,对它的研究一直是关键基础设施网络可靠性的研究热点。这方面的研究一般假设系统构件或网络节点一旦故障,则将一直保持故障状态,直到故障传播结束、级联失效停止。但是,在实际的自然系统和人工系统中,故障有可能发生自发恢复或人为使其恢复。如在生态系统中,自然灾害所造成的生物种群数量下降会慢慢自然繁衍恢复;在交通系统中,高峰时段的拥堵会逐渐自发消散或通过交通管制、分流等手段人为干预而消散。近年来,故障的恢复这一实际且重要的因素逐渐被加入到对故障传播的研究中来。由此,产生了一系列考虑系统故障和恢复的系统弹性(resilience)的研究。

对系统弹性的研究最早可以追溯到1973年Holling对生态系统弹性的定义[49],他认为弹性是一个系统遭遇外界变化时吸收扰动并且能在改变下保持系统基本的功能、结构、识别、反馈的能力。其他领域如气候[50]、材料、工程、心理等也都对弹性有类似的定义。Bruneau 等人在 2003 年提出了"弹性三角形"[51]，通过几个统计量来衡量系统对外界扰动的反应，对系统弹性进行了定量的分析，如图 5-9 所示。

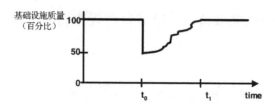

图 5-9　弹性三角形[51]

图中，用 $Q(t)$ 来表示系统状态随时间的变化。该量的变化范围为 0%到 100%，其中 100%表示系统的状态或提供的服务没有降级，0%表示系统无法提供服务。在 t0 时刻，系统受到外界的剧烈扰动（如发生地震），此时将导致系统状态 $Q(t)$ 的急剧下降（图中以降至 50%为例）。随后，系统状态将随时间慢慢恢复，至 t_1 时刻完全恢复（$Q(t_1)$=100%）。

在复杂系统领域，考虑系统构件的恢复对故障传播和系统弹性的影响是最近几年的一个新兴的研究热点。2013 年，Majdandzic 等人[52]在 Watts 的二元决策级联失效模型[21]的基础上，提出了一个考虑故障节点自发恢复的模型，研究了由此产生的系统中的故障传播和恢复。该模型假设网络中每个节点的故障可以由两种原因导致：一种是内部原因，即节点以一定概率 p 独立地失效；另一种是外部影响，即若节点的邻居节点中故障节点的比例超过某一阈值 r，则该节点故障。同样，作为故障的逆过程，模型为节点的恢复也引入了两种机制，即模型假设由于内部原因故障的节点将在一定时间 τ 后自发恢复，而由于外部影响故障的节点将在一定时间 τ' 后自发恢复。显然，当 τ 和 τ' 都趋向无穷大时，该模型就等同于 Watts 的二元决策模型。在该模型框架下，文章运用平均场理论和数值模拟的方法研究了在不同参数下网络正常节点比例的变化，如图 5-10 所示。该结果发现了在参数改变过程中具有一阶相变特征的"迟滞行为"（hysteresis behaviour），还发现网络状态可被其主要参数划分为两个相，分别对应网络正常节点的比例高和低，也就是网络的活跃状态（active state）和故障状态（inactive state）。在这两个相之间，存在一个滞回区域（hysteresis region），当网络参数处于临界点附近时，将会导致网络状态的跳变。

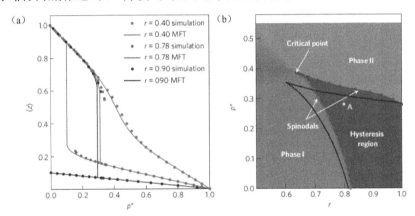

图 5-10 系统一阶相变和滞回的临界行为[52]

图中，(a) 网络中活跃节点（active nodes）的比例 Z 与由于内部原因故障的节点的平均比例 p^* 之间的关系。图中点代表数值模拟的结果，实线代表平均场理论值，不同颜色表示阈值 r 的不同取值。(b) 系统参数 p^* 与 r 的相图。相Ⅰ（绿色区域）代表网络的活跃状态模式，相Ⅱ（橙色区域）代表网络的故障状态模式。滞回区域（hysteresis region）（紫色区域）以蓝色和红色的旋节线为边界，它们在临界点处汇合（对应 $r=0.637$，$p^*=0.386$）。平均场理论计算得到的旋节线在图中以黑色表示。

随后，Majdandzic 等人[53]于 2016 年将这种故障节点的自发恢复引入到对耦合网络故障传播的研究中。由于耦合网络所带来的耦合故障，恢复机制也相应增加一种，即由网络耦合导致的故障将会在一定时间 τ'' 后自发恢复。其他参数与单网相同。他们发现对于由两个单网耦合而成的耦合网络，网络的故障传播与恢复行为更加复杂。此时，只考虑耦合的两个网络的内部故障参数，将得到包含两个临界点和多条旋节线（spinodals）的复杂相图，如图 5-11 所示。并且在这个相图的基础上，还可以找出改变系统状态的最低成本（修复节点个数的最低值），从而给出系统的最佳维修策略。

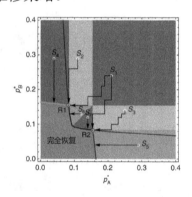

图 5-11　耦合网络（两个网络耦合）的相图与最优维修策略[53]

图中，为根据故障系统的初始条件可以采取的最优维修过程（维修的节点个数最少）。维修的总花费为 $|\Delta p_A^*|+|\Delta p_B^*|$，那么寻找最优维修策略的问题可以转化为从故障系统的初始状态（相图中的 S_i）找到一条曼哈顿距离（Manhattan distance）最近的路径到达完全恢复状态（绿色区域）。举例来说，如果系统的初始状态落在红色部分如 S_1，那么存在两个维修花费相等的最优维修策略即减少 p_A^* 与 p_B^* 使系统到达三相点 R1 或者 R2。如果系统的初始状态落在黄色部分，那么对于 S_2 来说最优策略是到达 R1，对于 S_3 来说则是到达 R2。如果系统初始状态落在深蓝色部分如 S_4，那么仅需要减少 p_B^*，即只维修网络 B 即可。同样，对于浅蓝色部分的 S_5，只需要维修网络 A。

此外，Hu F 等人[54]于 2016 年在对基础设施网络的局部攻击中引入了恢复机制，研究并比较了在不同攻击方式（蓄意攻击、随机攻击、局部攻击）下不同维修策略（随机维修、贪婪维修、基于节点权重的优先维修、外围维修）的修复效率。

参考文献

[1] Helbing D. Globally networked risks and how to respond[J]. Nature, 2013, 497(7447): 51-59

[2] US-Canada Power System Outage Task Force, Abraham S, Dhaliwal H, et al. Final report on the August 14, 2003 blackout in the United states and Canada: causes and recommendations[M]. US-Canada Power System Outage Task Force, 2004

[3] Toroczkai Z, Bassler K E. Network dynamics: Jamming is limited in scale-free systems[J]. Nature, 2004, 428(6984): 716-716

[4] Caldarelli G, Chessa A, Pammolli F, et al. Reconstructing a credit network[J]. Nature Physics, 2013, 9(3): 125-126

[5] Boccaletti S, Latora V, Moreno Y, et al. Complex networks: Structure and dynamics[J]. Physics reports, 2006, 424(4): 175-308

[6] Albert R, Barabási A L. Statistical mechanics of complex networks[J]. Reviews of modern physics, 2002, 74(1): 47

[7] Newman M E J. The structure and function of complex

networks[J]. SIAM review, 2003, 45(2): 167-256

[8] Dorogovtsev S N, Goltsev A V, Mendes J F F. Critical phenomena in complex networks[J]. Reviews of Modern Physics, 2008, 80(4): 1275-1335

[9] Barrat A, Barthelemy M, Vespignani A. Dynamical processes on complex networks[M]. Cambridge University Press, 2008

[10] Cohen R, Havlin S. Complex networks: structure, robustness and function[M]. Cambridge University Press, 2010

[11] Glanz J, Perez-Pena R. 90 Seconds That Left Tens of Millions of People in the Dark[N]. New York Times, 2003

[12] Bak P, Tang C, Wiesenfeld K. Self-organized criticality: An explanation of the 1/f noise[J]. Physical review letters, 1987, 59(4): 381

[13] Bonabeau E. Sandpile dynamics on random graphs[J]. Journal of the Physical Society of Japan, 1995, 64327

[14] De Arcangelis L, Herrmann H. Self-organized criticality on small world networks[J]. Physica A: Statistical Mechanics and its Applications, 2002, 308(1): 545-549

[15] Goh K I, Lee D S, Kahng B, et al. Sandpile on scale-free networks[J]. Physical review letters, 2003, 91(14): 148701

[16] Lee D S, Goh K I, Kahng B, et al. Sandpile avalanche dynamics on scale-free networks[J]. Physica A: Statistical Mechanics and its Applications, 2004, 338(1): 84-91

[17] Moreno Y, Vazquez A. The Bak-Sneppen model on scale-free networks[J]. EPL (Europhysics Letters), 2002, 57(5): 765

[18] Caruso F, Pluchino A, Latora V, et al. The Olami-Feder-Christensen Model on a Small World topology[J]. SMR, 1763: 17

[19] Herrmann H J, Roux S. Statistical models for the fracture of disordered media[M]. New York: North-Holland, 1990

[20] Moreno Y, Gómez J B, Pacheco A F. Instability of scale-free networks under node-breaking avalanches[J]. EPL (Europhysics Letters), 2002, 58(4): 630

[21] Watts D J. A simple model of global cascades on random networks[J]. Proceedings of the National Academy of Sciences, 2002, 99(9): 5766-5771

[22] Schelling T C. Hockey helmets, concealed weapons, and daylight saving: A study of binary choices with externalities[J]. The Journal of Conflict Resolution, 1973, 17(3): 381-428

[23] Gleeson J P, Cahalane D J. Seed size strongly affects cascades on random networks[J]. Physical Review E, 2007, 75(5): 056103

[24] Whitney D E. Dynamic theory of cascades on finite clustered random networks with a threshold rule[J]. Physical Review E, 2010, 82(6): 066110

[25] Liu R R, Wang W X, Lai Y C, et al. Cascading dynamics

on random networks: Crossover in phase transition[J]. Physical Review E, 2012, 85(2): 026110

[26] Moreno Y, Pastor-Satorras R, Vázquez A, et al. Critical load and congestion instabilities in scale-free networks[J]. EPL (Europhysics Letters), 2003, 62(2): 292

[27] Wang X F, Xu J. Cascading failures in coupled map lattices[J]. Physical Review E, 2004, 70(5): 056113

[28] Motter A E, Lai Y C. Cascade-based attacks on complex networks[J]. Physical Review E, 2002, 66(6): 065102

[29] Daqing L, Yinan J, Rui K, et al. Spatial correlation analysis of cascading failures: congestions and blackouts[J]. Scientific reports, 2014, 4:5381

[30] Crucitti P, Latora V, Marchiori M. Model for cascading failures in complex networks[J]. Physical Review E, 2004, 69(4): 045104

[31] Holme P, Kim B J. Vertex overload breakdown in evolving networks[J]. Physical Review E, 2002, 65(6): 066109

[32] Holme P. Edge overload breakdown in evolving networks[J]. Physical Review E, 2002, 66(3): 036119

[33] Dobson I, Carreras B A, Lynch V E, et al. An initial model for complex dynamics in electric power system blackouts[C]// Proceedings of the Annual Hawaii International Conference on System Sciences. 2001: 51-51

[34] Carreras B A, Lynch V E, Sachtjen M L, et al. Modeling blackout dynamics in power transmission networks with simple structure[C]//hicss. 2001, 1: 2018

[35] Carreras B A, Lynch V E, Dobson I, et al. Dynamics, criticality and self-organization in a model for blackouts in power transmission systems[C]//System Sciences, 2002. HICSS. Proceedings of the 35th Annual Hawaii International Conference on. IEEE, 2002: 9 pp

[36] Dobson I, Carreras B A, Newman D E. A probabilistic loading-dependent model of cascading failure and possible implications for blackouts[C]//System Sciences, 2003. Proceedings of the 36th Annual Hawaii International Conference on. IEEE, 2003: 10 pp

[37] Buldyrev S V, Parshani R, Paul G, et al. Catastrophic cascade of failures in interdependent networks[J]. Nature, 2010, 464(7291): 1025-1028

[38] Huang X, Gao J, Buldyrev S V, et al. Robustness of interdependent networks under targeted attack[J]. Physical Review E, 2011, 83(6): 065101

[39] Parshani R, Buldyrev S V, Havlin S. Interdependent networks: reducing the coupling strength leads to a change from a first to second order percolation transition[J]. Physical review letters, 2010, 105(4): 048701

[40] Hu Y, Ksherim B, Cohen R, et al. Percolation in interdependent and interconnected networks: Abrupt change from second-to first-order transitions[J]. Physical Review E, 2011, 84(6): 066116

[41] Shao J, Buldyrev S V, Havlin S, et al. Cascade of failures in coupled network systems with multiple support-dependence relations[J]. Physical Review E, 2011, 83(3): 036116

[42] Parshani R, Buldyrev S V, Havlin S. Critical effect of dependency groups on the function of networks[J]. Proceedings of the National Academy of Sciences, 2011, 108(3): 1007-1010

[43] Bashan A, Parshani R, Havlin S. Percolation in networks composed of connectivity and dependency links[J]. Physical Review E, 2011, 83(5): 051127

[44] Li M, Liu R R, Jia C X, et al. Critical effects of overlapping of connectivity and dependence links on percolation of networks[J]. New Journal of Physics, 2013, 15(9): 093013

[45] Li W, Bashan A, Buldyrev S V, et al. Cascading failures in interdependent lattice networks: The critical role of the length of dependency links[J]. Physical review letters, 2012, 108(22): 228702

[46] Bashan A, Berezin Y, Buldyrev S V, et al. The extreme vulnerability of interdependent spatially embedded networks[J]. Nature Physics, 2013, 9(10): 667-672

[47] Danziger M M, Bashan A, Berezin Y, et al. Percolation

and cascade dynamics of spatial networks with partial dependency[J]. Journal of Complex Networks, 2014, 2(4): 460-474

[48] Zhao J, Li D, Sanhedrai H, et al. Spatio-temporal propagation of cascading overload failures in spatially embedded networks[J]. Nature Communications, 2016, 7: 10094

[49] Holling C S. Resilience and stability of ecological systems[J]. Annual review of ecology and systematics, 1973, 4(1): 1-23

[50] Folke C. Resilience: The emergence of a perspective for social–ecological systems analyses[J]. Global environmental change, 2006, 16(3): 253-267

[51] Bruneau M, Chang SE, Eguchi RT, et al. A framework to quantitatively assess and enhance the seismic resilience of communities[J]. Earthquake spectra, 2003, 19(4): 733-752

[52] Majdandzic A, Podobnik B, Buldyrev SV, et al. Spontaneous recovery in dynamical networks[J]. Nature Physics, 2013, 10(1): 3438.

[53] Majdandzic A, Braunstein LA, Curme C, et al. Multiple tipping points and optimal repairing in interacting networks[J]. Nature communications, 2016, 7:10850

[54] Hu F, Yeung CH, Yang S, et al. Recovery of infrastructure networks after localised attacks[J]. Scientific reports, 2016, 6: 24522

第6章 关键基础设施网络的故障预测

控制系统故障的前提条件之一在于对系统状态进行准确的预测。所谓网络故障预测就是根据网络系统的结构、故障传播机理、监控状态、历史数据等信息，选择合适的预测算法，对故障发生时网络中的正常节点的运行状态进行预测、分析，提前采取预防措施，避免故障进一步扩大造成更严重的损失。虽然网络故障传播预测在网络系统管理中具有很重要的作用，但目前网络故障传播预测的研究很少，多数集中在基于监控和流量特征的分析上。目前对网络中故障传播机制缺乏深入理解，导致我们的故障预测结果还是建立在宏观的对象基础上，但是，随着对故障传播机制的逐步掌握和相关技术的进一步发展，我们的预测目标将会逐渐微观化，预测对象也将逐渐从单一对象转为综合的整体。本章首先引入可观性的概念，随后利用机器学习的理论方法来构建基础设施网络的故障预测方法。

第6章 关键基础设施网络的故障预测

6.1 网络的可观性

对复杂网络的故障进行预测,首先需要对网络进行一定的观测。复杂网络内部不同节点之间存在着逻辑推理的关系,由部分节点的故障状态可以观测到全部或必要节点的状态。网络的状态预测可以帮助很好地避免网络中潜在的级联失效。网络的可观性研究就是判断在给定的测量集合下,是否可以通过测量信息推断网络中所有节点的状态。这不仅依赖于网络中传感器分布的数量,更依赖于传感器分布的位置。因此,网络的可观性研究对于网络中节点状态的定量分析以及网络状态预测,规避网络故障的发生具有十分重要的意义。

6.1.1 可观性定义

20世纪60年代,卡尔曼[1]首先提出如果系统的状态变化能够通过输出反应出来,则系统就是可观的。可观性的概念在现代控制理论的研究和社会生产实践中都发挥了重大作用。所以,当一个系统在给定的测量集合下能够求出系统中某些节点的状态信息,则称这些节点是可观测节点,否则就称为不可观测节点。若系统所有节点的状态均为可观测的,则称系统为完全可观测系统;反之,系统为不完全可观测系统。为了定量的解决

网络可观性问题，首先需要分析系统的动态特性的状态空间方程[2]即

$$\dot{x}(t) = f(t, x(t), u(t)) \quad (6\text{-}1)$$

其中，$x(t) \in R^N$，代表系统内部所有的状态信息；$u(t) \in R^K$，代表系统的输入向量；系统可观性就是说可以通过在系统中选择合适的位置布设一定数量的传感器，来检测系统的输出 $y(t) \in R^M$ 随着时间 t、系统内部状态 $x(t)$ 以及系统输入向量 $u(t)$ 的变化，即

$$y(t) = h(t, x(t), u(t)) \quad (6\text{-}2)$$

通过分析系统的输出向量 $y(t)$，状态向量 $x(t)$ 和输入向量 $u(t)$ 之间的关系，并建立相应的方程，可以推断系统的初始状态 $x(0)$。对于由有理多项式组成的动态系统，如果系统的雅克比矩阵 $J = [J_{ij}]_{NM \times N}$ 是满秩矩阵，则系统就是可观的[1]，即

$$rank(J) = N \quad (6\text{-}3)$$

对于矩阵中的元素 J_{ij} 有 $J_{ij} = \dfrac{\partial L_f^{\left\lfloor \frac{i-1}{M} \right\rfloor} h_{(i-1)\%M+1}}{\partial x_j}$。其中李导数 $L_f = \dfrac{\partial}{\partial t} + \sum\limits_{i=1}^{N} f_i \dfrac{\partial}{\partial x_i} + \sum\limits_{j \in N} \sum\limits_{l=1}^{K} u_l^{j+1} \dfrac{\partial}{\partial u_l^{(j)}}$，$\lfloor x \rfloor$ 是小于等于 x 的最大整数，%代表求余符号。

如果系统是线性时不变系统，则系统方程可以描述为

$$\dot{x}(t) = Ax(t) + Bu(t) \quad (6\text{-}4)$$

$$y(t) = Cx(t) \quad (6\text{-}5)$$

系统的雅克比矩阵 J 就可以简化为

$$O=[C^T, \quad (CA)^T, \quad \cdots, \quad (CA^{N-1})^T]^T \qquad (6\text{-}6)$$

由于关键基础设施网络的大型化和复杂化特点，在所有位置上都布置一个传感器是不可能实现的，并且在实际中有些位置可能并不适合布置传感器。为了简化系统的可观性分析过程，可以选择观测系统中的一部分节点信息，如 $y(t)=(\cdots,x_i(t),\cdots)^T$，在这些被选择作为观测的节点上，布设一定数量的传感器。而怎样选择合适的观测节点布设传感器，优化传感器布置方案是网络可观性研究中的关键问题。

6.1.2 网络可观性研究发展

网络中一个或少数几个节点或者连接发生故障，可能通过节点之间的耦合关系引发其他节点发生故障，进而产生级联失效，最终导致网络中大部分节点甚至整个网络发生崩溃。为了对网络状态进行预测，实时监控网络状态，避免这类故障的发生，许多研究学者提出了不同的可观性研究方法，文献[3,4]从拓扑分析角度出发，研究了网络的可观性；文献[6~8]提出了网络可观性不同的数值计算方法。针对拓扑方法和数值计算方法存在的一些缺点，有许多研究学者提出了一些优化方法，其中包括 1993 年 Baldwin 等人[9]提出的平分搜索算法，2007 年 Rakpenthai 等人[10]提出的二元整数规划方法，2003 年 Milosevic[11]以及 2006 年 El-Zonkoly 等人[12]采用的遗传算法，2006 年 Jiangnan Peng 等人[13]采用的利用 Tabu 搜索算法来解决网络可观性，2008 年 Alinejad-Beromi 和 del Valle 分别在文献[14]和文献[15]中采用的粒子群优化算法。

2012 年，Yang Yang 等人[16]发现在网络中布设一定数量的传感器来检测节点的状态信息，网络的可观测连通分量将会出现一种渗流相变，他把这种现象称为网络可观性相变。通过定义网络的最大可观测连通集团，基于仿真和数学分析方法，就可以探索在网络中布设的传感器数量变化的时候网络可观性是如何改变的。2013 年，Takehisa Hasegawa 等人[17]采用仿真和数值分析方法对相关网络的可观性进行了研究，通过研究在网络中传感器的随机分布和中心优先分布，发现度-度负相关的网络更加可观。2013 年，Yang-Yu Liu 等人[18]采用图论方法，探索了如何在网络中布设最少数量的传感器以使整个网络可观的充要条件。

生成函数法可以用于复杂网络可观性的研究。下面对生成函数[19,20]进行基本的介绍，并用它们分析不同传感器布置对网络可观性的影响。对于一个有 N 个节点的网络 $G=(V,E)$，用概率 $p(k)$ 表示网络中节点的度分布，则网络中节点的平均度 $<k>=\sum_{k=0}^{\infty}kp(k)$。用剩余度分布 $q(k)$ 来描述从网络随机选择一条边到达一个度为 k 的节点概率，即

$$q(k)=\frac{(k+1)p(k+1)}{<k>} \tag{6-7}$$

关于概率分布函数 $p(k)$ 和 $q(k)$ 的生成函数，可以分别用公式（6-8）和公式（6-9）来描述。

$$G_0(x) = \sum_{k=0}^{\infty} p(k)x^k \qquad (6\text{-}8)$$

$$G_1(x) = \sum_{k=0}^{\infty} q(k)x^k \qquad (6\text{-}9)$$

由于公式（6-8）和公式（6-9）中的概率都是经过归一化处理的，因此有

$$G_0(1) = G_1(1) = 1 \qquad (6\text{-}10)$$

除此之外，公式（6-8）和公式（6-9）还满足

$$G_1(x) = \frac{G_0'(x)}{G_0'(1)} \qquad (6\text{-}11)$$

如果网络的生成函数 $G_0(x)$ 和 $G_1(x)$ 都是已知的，那么就可以通过二者求出网络的许多参量，例如度分布和剩余度分布函数为

$$p(k) = \frac{1}{k!} \left. \frac{d^k G_0(x)}{dx^k} \right|_{x=0} \qquad (6\text{-}12)$$

$$q(k) = \frac{1}{k!} \left. \frac{d^k G_1(x)}{dx^k} \right|_{x=0} \qquad (6\text{-}13)$$

网络的平均度为

$$<k> = \sum_k p(k)k = G_0'(1) \qquad (6\text{-}14)$$

实际存在的网络在一般情况下都是连通的，然而当一些特殊状况发生时，比如网络中的部分节点被删除，网络的连通性就可能发生变化。在复杂网络的研究中，可以通过生成函数的方法求出网络的各个连通分量的大小。从网络中随机选择一个节点，其所属分量大小的概率分布生成函数用 $H_0(x)$ 表示，如公式（6-15）所示；沿着网络中的一条边到达的节点所属分量大小

的概率分布生成函数用 $H_1(x)$ 表示，如公式（6-16）所示。可以用生成函数 $H_0(x)$ 间接的求出网络中分量大小分布[19,20]。

$$H_0(x) = x\sum_{k=1} p(k)(H_1(x))^k = xG_0(H_1(x)) \quad (6\text{-}15)$$

$$H_1(x) = x\sum_{k=1} q(k)(H_1(x))^k = xG_1(H_1(x)) \quad (6\text{-}16)$$

虽然公式（6-15）和公式（6-16）并没有直接给出 $H_0(x)$ 和 $H_1(x)$ 的表达式，但是可以通过联立公式（6-15）和公式（6-16）求出 $H_0(x)$，然后采用类似于公式（6-12）进行处理，即可求出网络中各个大小的分量所占的比例。联立公式（6-13）和公式（6-14）可以解出网络的平均连通分量大小的公式为

$$<s> = H_0'(1) = 1 + G_0'(1)H_1'(1) \quad (6\text{-}17)$$

公式（6-17）利用了公式（6-15）对 x 的微分，再将式（6-16）两边同时对 x 微分，并令 $x=1$，可以求得

$$H_1'(1) = 1 + G_1'(1)H_1'(1) \quad (6\text{-}18)$$

联立方程（6-16）和（6-17），可得网络的平均分量大小为

$$<s> = 1 + \frac{G_0'(1)}{1 - G_1'(1)} \quad (6\text{-}19)$$

把生成函数 $G_0(x)$ 和 $G_1(x)$ 的实际表达式代入公式（6-17）即可求出网络的平均分量大小。

为了计算网络的最大可观测连通分量，首先定义如下的生成函数[16]，即

$$G_0(x, D) = \sum_{k=0}^{\infty} p(k, D)x^k \quad (6\text{-}20)$$

$$G_0(x, nD) = \sum_{k=0}^{\infty} p(k, nD)x^k \quad (6\text{-}21)$$

其中，$p(k,D)$、$(p(k,nD))$ 表示从网络中随机选择一个节点，它的度为 k，并且其拥（不拥）有一个传感器的概率。

$$G_1(x,D) = \sum_{k=0}^{\infty} q(k,D)x^k \quad (6-22)$$

$$G_1(x,nD) = \sum_{k=0}^{\infty} q(k,nD)x^k \quad (6-23)$$

其中，$q(k,D)$、$(q(k,nD))$ 表示从网络中随机的选择一条边到达一个拥（不拥）有一个传感器，并且度为 k 的节点概率。

由生成函数的相关知识，可知

$$G_0(1,D) = 1 - G_0(1,nD) = \phi \quad (6-24)$$

$$G_1(1,D) = 1 - G_1(1,nD) = \tilde{\phi} \quad (6-25)$$

其中，$\tilde{\phi}$ 表示从网络中随机的选择一条边到达一个直接可观测节点的概率。

综合以上公式，网络的最大可观测连通分量大小 S 的计算公式为[16]

$$S = 1 - G_0(u,D) - G_0(\psi,nD) - G_0(1-\overline{\phi},nD) + G_0((1-\overline{\phi})s,nD)$$

$$(6-26)$$

6.1.3 介数优先的复杂网络可观性

虽然很多学者通过代数方法和拓扑分析方法对网络的可观性都进行了研究，但是这些对网络可观性进行分析的方法仍然存在着很多缺陷。

（1）传感器位置选择问题。只能根据给定的传感器分布判断一个网络是否可观,而无法指出应该如何选择这些传感器的位置。

(2)计算问题。当采用穷搜索的方法分析一个具有 N 个节点的网络时,传感器分布总共有 2^N 种组合,当一个网络的规模特别大的时候,这就需要巨大的计算量。

(3)计算秩方法。通过计算雅克比矩阵的秩来判断系统的可观性,只适用于节点比较少的小型系统。

因此,找出一种既适用于节点数目很多的复杂网络又不会有太大计算量的传感器布置方法十分重要。我们采用不同的传感器布置方法,在网络中选择传感器的布设位置,并对不同的传感器布置方法下得到的网络可观性进行对比,通过模型网络和实际网络的仿真分析,研究网络的可观性受到介数的影响[21]。

通过在网络的节点上布置一定数量的传感器,进而可以实现对网络中相应节点的实时监测,我们将这些拥有传感器的节点称之为直接可观测节点,和直接可观测节点直接相邻的节点称之为间接可观测节点,其余的节点称之为不可观测节点。网络的最大可观测连通分量(Largest Observability Compent, LOC)是网络中所有可观测节点组成的最大连通分量,这里将研究网络的最大可观测组件随着网络中布置的传感器数量增加的变化趋势[21][22]。接下来比较以下三种传感器布置方法[21,22]。

对于一个有 N 个节点的网络 $G=(V,E)$,网络中任意一个节点拥有一个传感器的概率都等于 φ,如公式(6-27)所示。

$$\varphi = 1/N \tag{6-27}$$

称这种传感器布置方法为传感器的随机布置方法。

对于一个具有 N 个节点的网络 $G=(V,E)$ 中的任意节点 j，它的度为 k_j，则网络中的任意一个节点 i 拥有一个传感器的概率如公式（6-28）所示。

$$\varphi_i = k_i^\alpha \bigg/ \sum_{j=1}^{N} k_j^\alpha \tag{6-28}$$

称之为基于度的传感器布置方法。

对于一个具有 N 个节点的网络 $G=(V,E)$ 中的任意一个节点 j，它的介数为 B_j，则网络中的任意一个节点 i 拥有一个传感器的概率如公式（6-29）所示。

$$\varphi_i = B_i^\alpha \bigg/ \sum_{j=1}^{N} B_j^\alpha \tag{6-29}$$

称之为基于介数的传感器布置方法。

如图 6-1 所示为一个简单网络，图中节点中的数据表示节点的介数，假设红色节点为选中的直接可观测节点，则图中和红色节点相邻的蓝色节点就成为间接可观测节点，绿色节点就是不可观测节点。若采用传感器的随机布置方法，则图中红色节点被布置传感器的概率为 $\varphi = 1/N = 1/20 = 0.05$；若采用基于度的传感器布置方法，则图中红色节点被布置传感器的概率为 $\varphi_i = k_i^\alpha \bigg/ \sum_{j=1}^{N} k_j^\alpha = 10/38 = 0.263$，其中 $\alpha=1$；若采用基于介数的传感器布置方法，则图中红色节点被布置传感器的概率为 $\varphi_i = B_i^\alpha \bigg/ \sum_{j=1}^{N} B_j^\alpha = 298/630 = 0.473$，其中 $\alpha=1$。

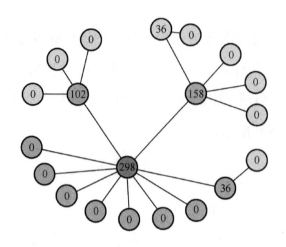

图 6-1 传感器布置示例[21]

图中，每个圆圈中指示的数字为节点的介数，红色圆圈表示直接可观察的节点，蓝色圆圈间接可观察节点，绿色节点是不可观察节点。

在网络的可观性研究中，网络的最大可观测连通分量包含的节点数目要远远大于其他可观性连通分量。因此本节中首先采用计算机仿真方法生成了随机网络模型和无标度网络模型，然后采用三种传感器布置算法在不同的网络（随机网络、无标度网络、电网、航空网络）中布置一定数量的传感器，研究网络的最大可观测连通分量随着网络中布置的传感器数量变化的趋势，具体的程序流程[22]如图 6-2 所示。最终发现采用基于介数的传感器布置方法将会更好的提升整个网络的可观性。为了验证基于介数的传感器布置方法的有效性，分别在美国西部电网和美国航空网络中进行了验证，结果也证明了在大介数节点上布置传感器将会使整个网络更加容易观测。

第6章 关键基础设施网络的故障预测

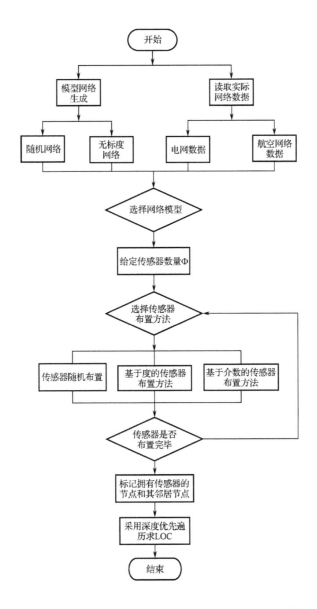

图6-2 计算网络最大可观测连通分量的程序流程图[22]

图中，首先，生成模型网络（随机网络或者无标度网络），读取实际网络数据（生成电网或航空网络）。然后，选定网络模型，给的传感器数量Φ，选择传感器布置方法（随机布置、基于度的布置方法和基于介数的布置方法）。待传感器布置完毕后，标记拥有传感器的节点及其邻居节点。最后，采用深度优先遍历求出最大可观测连通分量。

根据给定的连边概率 p 和节点数目 N 可以生成一个随机网络，这里将比较前述三种传感器布置方案，研究网络的最大可观测连通分量随着网络中传感器数量增加的变化趋势。图 6-3 中给定网络的节点数目 $N=10^4$，连边概率 $p=10^{-4}$，以及网络的平均度 $\langle k \rangle =4$。图中横坐标表示网络中直接可观测节点占网络节点总数的比例，纵坐标表示网络的最大可观测连通分量中节点的数目和网络中节点总数之比。图中黑色曲线表示在传感器的随机布置下的随机网络的最大可观测连通分量（LOC）的变化趋势；红色曲线和蓝色曲线表示基于度的传感器布置方案下的随机网络的最大可观测连通分量（LOC）的变化趋势，分别代表 $\alpha=1$ 和 $\alpha=2$ 的两种情况；粉色和绿色曲线表示基于介数的传感器布置方案下的随机网络的最大可观测连通分量（LOC）的变化趋势，分别代表 $\alpha=1$ 和 $\alpha=2$ 的两种情况。

图 6-3 中为了得到尽可能精确的结果，对于每个给定的 Φ 值对应的网络的最大可观测连通分量（LOC）都进行了 100 次计算之后求取平均值，在本节中进行的所有仿真计算如未做特别说明，均是计算 100 次之后求取的平均结果。从图中可以明显地看出随着网络中传感器数量 Φ 的增加，网络最大可观测连通分量（LOC）明显地增大，在相同 Φ 值下，基于度的传感器布置方案和基于介数的传感器布置方案产生的网络最大可观测连通分量（LOC）比传感器随机布置的要大，这说明了网络中节点的度和介数对网络的可观性具有重要影响。

第6章 关键基础设施网络的故障预测

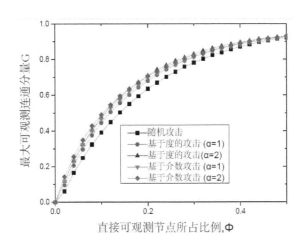

图 6-3 ER 网络的最大可观测连通分量[21]

图中,为<k>=4 的 ER 网络,在传感器随机布置、基于度布置和基于介数布置下网络最大可观测连通分量随直接可观测节点比例变化而变化的情况。黑线表示传感器随机放置的网络最大可观测连通分量,红色和蓝色线表示传感器基于度放置的网络最大可观测连通分量,并且粉红和绿色线表示传感器基于介数放置的网络最大可观测分量。

在图 6-3 中可以看到在相同数量的传感器下,无论 α 是否相等,基于度的传感器布置方法和基于介数的传感器布置方法算出来的网络最大可观测连通分量(LOC)的值相差不是很大,这是因为在随机网络中节点的度和介数都具有较为均匀地分布,大部分节点的重要性相差不大,因此,这两种传感器布置方法得到的网络可观性比较相近。

由于无标度网络中节点的重要程度的分布具有强烈的异质性,即大部分节点的重要性比较小,只有少部分节点的重要性很大,许多实际网络都具有无标度性。因此,无标度网络和随机网络具有很大的差异性,可以作为网络可观性很好的研究对象,并和随机网络的可观性作为对比。图 6-4 中通过配置模型生成的无标度网络,其中节点总数 $N=10^4$,节点的最小度值 $m=2$,幂指数 $\gamma=2.5$。图中黑色曲线表示在传感器的随机布置下无标度网络的最大可观测连通分量(LOC)的变化趋势;红色曲线和蓝色曲线表示基于度的传感器布置方案下无标度网络的最大可观测连通分量(LOC)的变化趋势,分别代表 $\alpha=1$ 和 $\alpha=2$ 的两种情况;粉色和绿色曲线表示基于介数的传感器布置方案下无标度网络的最大可观测连通分量(LOC)的变化趋势,分别代表 $\alpha=1$ 和 $\alpha=2$ 的两种情况。

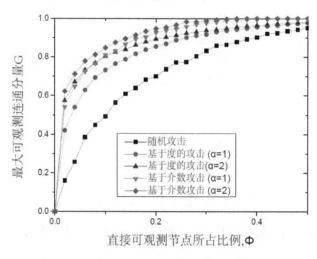

图 6-4 无标度网络的最大可观测连通分量[21]

图中,使用配置模型生成的 $m=2$,$\gamma=2.5$,<k>=4 的 SF 网络,在传感器随机布置、基于度布置和基于介数布置下网络最大可观测连通分量随直接可观测节点比例变化而变化的情况。黑线表示传感器随机放置的网络最大可观测连通分量,红色和蓝色线表示传感器基于度放置的网络最大可观测连通分量,并且粉红色和绿色线表示传感器基于介数放置的网络最大可观测连通分量。

在图 6-4 中可以明显地看出，网络最大可观测连通分量（LOC）在Φ比较小的时候迅速增大，在相同的α下，基于介数的传感器布置方法得到的网络最大可观测连通分量（LOC）要明显大于随机和基于度的传感器布置方法。这是因为在无标度网络中节点介数比较大的节点对网络整体的连通性具有重要影响，而度比较大的节点并不一定对网络整体的连通性具有重大影响。不同于图 6-4 的是在同一种传感器布置方法下较大的α值（$\alpha=2$）得到的网络最大可观测连通分量（LOC）也要明显大于较小的α值（$\alpha=1$）时的结果。

在对模型网络的计算中已经可以说明介数在网络可观性中具有重要的作用。为了进一步证明这一论点，需要对实际网络的可观性进行分析，探究在不同的传感器布置方法下是否可以得出类似于模型网络中的结论，以证明介数对实际网络的可观性研究中也具有重要作用。

在对实际网络的可观性研究中，研究最多的是对电网可观性的研究。因此，首先以美国西部电网为研究对象，计算其在不同的传感器布置方法下的可观性。美国西部电网的节点数目$N=4941$，平均度$<k>=2.669$，聚集系数$C=0.107$，平均路径长度$L=18.989$，其可观测性分析如图 6-5 所示。

现实生活中的电网的度分布大多服从泊松分布，其模型类似于随机网络。虽然基于介数的传感器布置方法在传感器数量比较小时要优于基于度分布的传感器布置方法，然而，随着网络中布设的传感器数量的增多，二者在相同α值下的可观性大致相同。

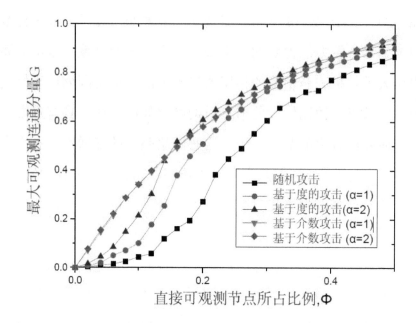

图 6-5 美国西部电网的最大可观测连通分量[21]

图中，美国西部电网，在传感器随机布置、基于度布置和基于介数布置下网络最大可观测连通分量随直接可观测节点比例变化而变化的情况。黑线表示传感器随机放置的网络最大可观测连通分量，红色和蓝色线表示传感器基于度放置的网络最大可观测连通分量，并且粉红色和绿色线表示传感器基于介数放置的网络最大可观测连通分量。

由于电网的拓扑结构类似于随机网络，而航空网络具有类似 SF 网络的拓扑结果。因此，本节的实际网络将选用美国航空网络作为模型，其网络节点数目 $N=332$，平均度 $<k>=12.807$，聚集系数 $C=0.749$，平均路径长度 $L=2.738$。图 6-6 是美国航空网络的最大可观测连通分量随着网络中传感器数量增加的变化趋势。

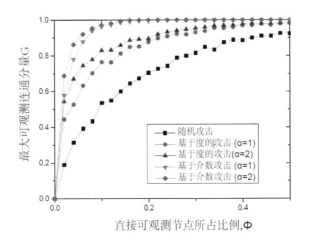

图 6-6 美国航空网络的最大可观测连通分量[21]

图中,美国航空网络,在传感器随机布置、基于度布置和基于介数布置下网络最大可观测连通分量随直接可观测节点比例变化而变化的情况。黑线表示传感器随机放置的网络最大可观测连通分量,红色和蓝色线表示传感器基于度放置的网络最大可观测连通分量,并且粉红色和绿色线表示传感器基于介数放置的网络最大可观测连通分量。

图 6-6 中,网络的最大可观测连通分量在 Φ 值较小时迅速增大,并且在相同 α 值下,基于介数的传感器布置方法要优于基于度的传感器布置方法,并且 α 值越大($\alpha=2$),网络的最大可观测连通分量就越大。这些结果与在无标度网络中得到的结果较为相符,这是因为航空网络的度分布具有无标度特性,当采用基于介数的传感器布置方法时,节点更易快速组成最大可观测连通分量。

在复杂网络的研究中,关于节点之间平均距离的研究,一直以来都是一个基础但又是十分重要的问题,因为它涉及网络中存在的许多问题,特别是在通信网络和计算机网络中,如信息传输，路由搜索[23]等。当网络中节点之间的平均距离比较大的时候，将会带来许多问题，诸如传输时延，成本增加。网络中节点之间的平均距离和网络系统的维数高度相关，很大程度上影响了如扩散、传导以及传输等动力学过程。在采用不同的方法得到的网络可观性相同时，可能由于不同 LOC 中节点之间的平均距离差异较大，导致网络测量信息计算较慢，延缓网络状态的预测和控制。因此，需要采用尽可能少的传感器来观测尽可能多的网络中节点的状态，同时使 LOC 中节点之间的平均距离尽可能小。

图 6-7 是采用传感器的随机布置方法，基于度的传感器布置方法和基于介数的传感器布置方法求出美国西部电网的最大可观测连通分量（LOC）的大小，然后，再求出不同传感器布置方法时的网络最大可观测连通分量（LOC）中节点之间的平均距离。

从图 6-7 中可以看出，随着网络中传感器数量的增加，网络的最大可观测连通分量中节点之间的平均距离逐渐增大，最终的平均距离为整个网络中节点之间的平均距离。这是因为随着网络中传感器数量的增加，网络最大可观测连通分量中的可观测节点的数量将会增加，这些增加的节点将会与之前已经存在的节点形成连通的路径，逐步扩展到整个网络。在这个过程中，网络最大可观测连通分量中节点之间的平均路径长度将会随着网络中路径选择方案的增加，逐渐稳定甚至下降。当网络中传感器数量较小时，采用基于介数的传感器布置方法得到的网络最大可观测连通分量中节点之间的平均路径长度要大于采用另外两种方法得到的平均路径，然而，随着网络中传感器数量的增加，采用基于介数的传感器布置方法得到的网络最大可观测连通分量中节点之间的平均路径长度迅速稳定，并且小于采用另外两种方法得到的平均路径长度。

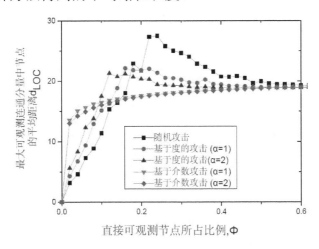

图6-7　美国西部电网的最大可观测连通分量中节点的平均距离[21]

图中，黑线表示传感器随机放置的网络最大可观测连通分量的直径，红色和蓝色线表示传感器基于度放置的网络最大可观测连通分量的直径，并且粉红色和绿色线表示传感器基于介数放置的网络最大可观测连通分量的直径。

6.2　关键基础设施网络故障的预测方法

1. 故障预测技术分类

故障预测是指依据系统过去一段时间和当前的状态，预测出未来一个或几个时间段系统的状态。故障预测涉及多学科知识的综合技术。近年来随着研究的深入，故障预测技术得到了深入的发展。现有的故障预测技术有很多种，主要包括以下几个方面[24]。

（1）基于统计方法的预测技术

统计方法是指有关收集、整理、分析和解释统计数据，并对其所反映的问题作出一定结论的方法。其中很多方法可以用于故障预测领域，比如回归分析、时间序列等。C.G. Bai 等人[25]通过计算软件中故障的时间以及数量分布，并结合马尔科夫贝叶斯网络（MBN）方法提出了一种预测软件失效的模型。该模型可以预测软件中故障发生的时间间隔，并对比了其他两种预测模型的结果，说明的模型具有较好的预测能力。Mridul Agarwal 等人[26]通过设计芯片中的传感器布局以及搜集这些传感器的信息，预测了元器件电路中由于负偏压温度不稳定性（NBTI）导致的晶体管老化问题。Felix Salfner 和 Miroslaw Malek[27]考虑了故障之间的相关性，提出了一种基于隐式半马尔科夫模型（HSMMs）的在线故障预测方法，并利用商业电信系统的数据测试了模型的有效性。2012 年，邓力等人[28]结合回归模型的理论，提出一种对网络中单个组件故障率的多项式回归预测模型。通过将多项式回归模型转化成多元线性回归模型求解参数来得到预测方程，可为网络中单个组件故障率预测提供决策依据。2013 年，胡泽文等人[29]提出 ARMA 时间序列故障预测模型，并对建模的过程进行详细分析，并将 ARMA 建模方法运用到某电压值的预测中,其结果表明 ARMA 模型能够根据已有的时间序列信息在较高的可信度的情况下预测出未来某时刻电压,为装备的故障预测提供数据支持。2015 年,Dipti Kumari 等人[30]对比了在软件故障预测领域二元和多元逻辑回归模型的效率问题,发现多维逻辑回归模型的预测效果会好于二元模型。

(2) 基于智能系统的预测技术

随着人工智能技术的高速发展,基于人工智能技术的预测技术也随之兴盛。很多人工智能算法,比如支持向量机、神经网络、专家系统等技术被大量用于预测技术领域,并且取得了很多不错的成果。人工神经网络具有模仿非线性函数的能力,可以处理复杂的高维度数据问题,也无需对模型作任何假设,因此具有很强的学习能力。但是其需要较大的训练样本容量,并且需要样本具有足够的代表性。专家系统是根据人们长期实践经验和大量故障信息知识来进行构建,把人类专家的领域知识和经验判断能力移植到计算机中,模拟人类的推理和决策过程解决复杂问题。专家系统建立的难处在于领域知识向计算机语言转化的过程以及推理机制的确立。其余基于统计的数据分析方法都是将数据进行映射,然后对映射的数据进行拟合,利用拟合的曲线判断系统状态的趋势,预测系统的状态。数据拟合方法同样需要比较大的样本量,而且还需要样本的分布相对均匀,才能获得相对准确的预测结果。

Zhang Junfeng 等人[31]针对非线性时间序列故障预测问题,提出了一种基于聚类和支持向量机的方法,该方法将正常的时间序列按照 k-means 算法进行聚类学习，同时利用支持向量机回归的时间序列预测算法获得预测序列，然后通过比较聚类所得的正常原型和预测序列的相似性实现故障预测。Malhotra R 等人[32]分析了从 1991 到 2003 年间用机器学习算法来预测软件故障的方法，对比了各种方法的效率和效果，给出每种方法的优点和缺点，同时将机器学习方法同统计学方法做了对比。

2. 网络级联失效过程的预测

目前故障预测的趋势之一是智能化，其关键技术就是学习能力，并根据学习构建推理规则。相比于传统的预测方法，智能化方法在处理系统产生的大量复杂的、不确定的、随机的和非线性信息时具有明显优势。而机器学习作为智能化方法的一种，在互联网领域广泛运用并取得了巨大成功，主要体现在搜索引擎、文本分类、语音识别、图像识别、广告点击率预测等领域。其本质就是通过历史数据得到训练模型，并对新的数据进行计算从而达到预测的目的。同样，可以把机器学习运用到网络故障传播预测领域。由于空间网络中级联失效的过程相对复杂，数据的维度也比较高，因此，使用机器学习中一些黑盒的方法如神经网络、支持向量机等来预测空间网络级联失效的过程将更为合适。

特征是机器学习里重要的概念，其选取的好坏直接决定了机器学习的实际效果。如果选取了大量无用冗余的信息，训练模型的复杂度会急剧上升,产生过拟合现象,而且实际预测的效果偏差很大;如果选取的特征太少,训练模型又不能很好地拟合故障信息,同样会导致预测效果差。因此,特征选取的好坏直接决定着预测结果的准确率。

关键基础设施例如交通网络、电力网络和服务器网络通常都具有地域分布的特征,即每个节点只与其临近的节点进行数据和能量交换,这需要足够数量的节点覆盖到一个区域才能满足该地区功能性的要求。已有的研究发现[33]:对于这种具有明显空间特性的网络,故障传播通常都是由初始的一个或几个故障点开始,并且从初始节点开始以某种统计上的规律向四周传播。级联失效的这种传播规律为利用节点的空间特征来预测网络的级联失效过程提供了可能性,因此,可以根据这样的规律确定某些关键的输入,同时忽略一些不必要的输入信息,来提高预测的效率和准确率。

实际应用中预测的对象都是实际的网络系统,对这些网络级联失效的预测涉及历史数据的处理问题,存在一定的不便性。因此,我们选取同样具有明显空间特性的 Lattice 网络,通过仿真的方法建立其故障数据集,然后搭建预测其级联失效过程的学习模型,对网络中级联失效过程进行预测[34]。

Motter-Lai 模型由 Motter 和 Lai 提出了一个基于介数的级联失效模型[35],是一种简单且有效的描述网络级联失效的模型(前面章节有对模型的详细介绍)。基于效率、仿真难度等因素考虑,这里采用该模型作为网络的级联失效模型。对于一个 50×50 的

Lattice，通过上述方法可以得到如图 6-8 所示的网络级联失效过程，网络初始删除中心 4×4 的节点，具体的计算方法不是预测问题的重点，这里不进行赘述。

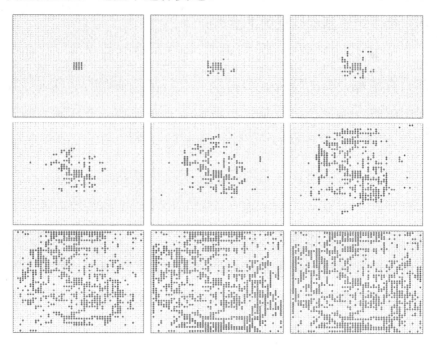

图 6-8　Lattice 网络级联失效过程[34]

图中，红色节点是当前步骤中的新故障；蓝色节点是当前步骤前发生的故障。

图 6-8 中红色为新增的失效节点，蓝色为之前失效的节点。由于图中只是一次仿真的数据结果，为了得到网络级联失效的数据集，需要对网络进行多次随机边的权重赋值并计算其级联失效过程。

从图 6-8 中可以看出，故障有一个明显的均匀扩散的过程。但是具体某一个节点的状态，则要受到网络中边权分布的影响。

因此，为了简化计算的过程，也为了提高预测的准确性，可以考虑将节点根据其空间属性分组，预测每一组节点的群体行为。虽然这样预测的结果相比于预测每一个节点的状态要损失一部分信息，但是相比于对整个网络的预测已经可以提供较多有价值的信息。

考虑到Lattice网络的模型特征以及初始删除节点的形状，可以将网络按照正方形对节点进行划分，即从中心2×2节点开始，每一个环绕中心的正方形上的节点为同一组节点，需要预测的则是每组节点的故障节点的百分比。图6-9说明了如何将Lattice网络的节点进行分类。

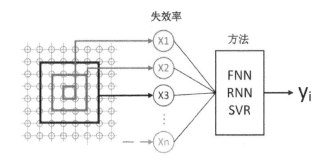

图6-9　Lattice网络按空间特征划分节点与学习模型构建[34]

图中，红色框线、蓝色框线和黑色框线为三组节点，当前失效率作为模型的输入。y_i为模型输出，就是下一时间步长中，距离为i的节点组的失效率。

这种空间特征对节点的分类方法并不具有通用性，只是针对于Lattice这种形状的网络方法。通常的空间网络虽然和Lattice网络很相似，但是还是会存在一部分不规则的部分，比如交通网络会存在三叉路口。针对于每一个特性的网络，要按照其自身的传播特性对节点按照某种特征进行划分。另一方面，每个网络的级联失效数据也是其独立的资源，不具有通用性，所以，每一个网络都要重复所有的过程。

距离划分清楚之后，预测的目标也就是预测的输出也同样明确了每一组节点故障的百分比。图6-9同样给出了需要搭建的学习模型，输入即为当前状态下每一组节点的故障百分比。需要说明的是，为了提高模型的效率和准确率，针对每一组数据要构建这样一个预测器，即对50×50的Lattice网络来说一共有25个距离，则有25个这样的学习模型。这些模型训练和测试的数据集的输入都是相同的，不同的是模型的输出是其对应的距离下一时刻的节点群的故障百分比。

机器学习方法虽然在处理复杂的多维度数据上存在较大的优势，但是这种黑盒方法存在算法不稳定的问题，即其预测的效果是不可控的。以神经网络为例，在建立模型时要确定隐层节点个数，以及确定每一层节点激活函数的类型。在对其进行训练的时候，需要首先对神经网络权值进行参数的初始化。然后还要对训练过程中的某些参数进行设定，如批量训练大小、权值调整系数和训练终止条件等。这些参数的大小直接关系到训练的效率和预测的准确性。所以，要对模型进行训练和测试，当测试结果不理想时，需要对模型做出适当的调整，直到模型预测的结果达到预期的效果时，才可以将其用于后续的预测工作。

基于上述方法，图6-10给出了前向神经网络（FNN）、循环神经网络（RNN）和支持向量回归（SVR）三种学习方法的预测结果。这里不具体说明如何对模型进行训练和调整，具体可参考机器学习的相关知识。

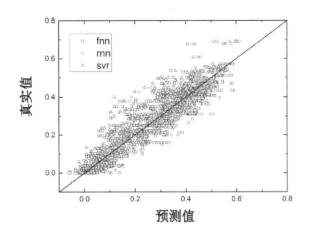

图 6-10　节点组故障百分比预测结果[34]

图中，真实故障百分比与预测故障百分比的比较。黑色为 fnn 模型预测结果对比，红色为 rnn 模型预测结果对比，蓝色为 svr 模型预测结果对比。

首先，在图 6-10 中描绘了预测值和实际值的结果对比图。横坐标是故障百分比的预测值，纵坐标是仿真结果的实际值，每一个点越靠近直线 $y=x$ 则说明预测的效果越好。图 6-10 中的节点主要位于直线 $y=x$ 附近，这说明在一定的误差接受范围内，各个训练模型都可以准确地预测不同时刻各个距离的故障率。图 6-10 展示了每组节点预测的平均误差以及标准差。图 6-10 中，不同学习模型的平均误差并不存在明显的差异，这说明不同模型的结果均接近其最优解。同时，图 6-11 中任意距离下的标准偏差的值都非常小，这说明各个模型本身的稳定性。而在复杂的回归问题中，最优解一般很难通过有限的计算获得。但是经过几次的训练之后，发现成本函数的波动被控制在很小的范围内或者缓慢的减小，这表明当前的方法已经接近最佳解，而且在一定条件下可以当作最优解。结合图 6-10 和图 6-11 可以说明我们的方法对节点故障百分比的预测效果还是比较好的。

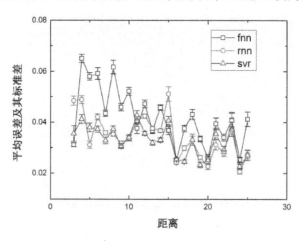

图 6-11　每个距离下预测结果的平均误差及其标准差[34]

图中，黑色线为 fnn 模型预测值的平均误差，红色线为 rnn 模型预测值的平均误差，蓝色线为 svr 模型预测值的平均误差。误差线表示各个模型预测值的标准差。

目前为止，网络预测技术还是只能进行相对宏观的预测，即预测能力还不能精确到每一个节点。因为对于单节点来说，其可以作为输入的信息比较多。比如节点本身的状态、节点近邻的状态和节点自己的空间属性。我们对故障传播机制的理解还十分有限，如何利用网络中节点这些信息对网络级联失效过程进行预测还需要更多的探索。但是随着故障传播机理研究的不断深入，我们将了解到更多故障传播潜在的规律，可以为我们提取网络的特征信息、优化学习模型提供更多有价值的参考，预测方法的维度会逐渐深入，预测的目标也会逐渐微观化。

参考文献

[1] Kalman R E. A new approach to linear filtering and prediction problems[J]. Journal of basic Engineering, 1960, 82(1): 35-45

[2] Kalman R. On the general theory of control systems[J]. IRE Transactions on Automatic Control, 1959, 4(3): 110-110

[3] Krumpholz G, Clements K, Davis P. Power system observability: a practical algorithm using network topology[J]. IEEE Transactions on Power Apparatus and Systems, 1980, 4(PAS-99): 1534-1542

[4] Nucera R R, Gilles M L. Observability analysis: a new topological algorithm[J]. IEEE transactions on power systems, 1991, 6(2): 466-475

[5] Wu F, Monticelli A. Network observability: theory[J]. IEEE Transactions on Power Apparatus and Systems, 1985, 5(PAS-104): 1042-1048

[6] Monticelli A, Wu F. Network observability: identification of observable islands and measurement placement[J]. IEEE

Transactions on Power Apparatus and Systems, 1985 (5): 1035-1041

[7] Korres G N, Katsikas P J, Clements K A, et al. Numerical observability analysis based on network graph theory[J]. IEEE Transactions on Power Systems, 2003, 18(3): 1035-1045

[8] Gou B, Abur A. A direct numerical method for observability analysis[J]. IEEE Transactions on Power Systems, 2000, 15(2): 625-630

[9] Baldwin T L, Mili L, Boisen M B, et al. Power system observability with minimal phasor measurement placement[J]. IEEE Transactions on Power Systems, 1993, 8(2): 707-715

[10] Rakpenthai C, Premrudeepreechacharn S, Uatrongjit S, et al. An optimal PMU placement method against measurement loss and branch outage[J]. IEEE Transactions on Power Delivery, 2007, 22(1): 101-107

[11] Milosevic B, Begovic M. Nondominated sorting genetic algorithm for optimal phasor measurement placement[J]. IEEE Transactions on Power Systems, 2003, 18(1): 69-75

[12] El-Zonkoly A. Optimal meter placement using genetic algorithm to maintain network observability[J]. Expert Systems with Applications, 2006, 31(1): 193-198

[13] Peng J, Sun Y, Wang H F. Optimal PMU placement for full network observability using Tabu search algorithm[J].

International Journal of Electrical Power & Energy Systems, 2006, 28(4): 223-231

[14] Alinejad-Beromi Y, Sedighizadeh M, Sadighi M. A particle swarm optimization for sitting and sizing of distributed generation in distribution network to improve voltage profile and reduce THD and losses[C]//Universities Power Engineering Conference, 2008. UPEC 2008. 43rd International. IEEE, 2008: 1-5

[15] Del Valle Y, Venayagamoorthy G K, Mohagheghi S, et al. Particle swarm optimization: basic concepts, variants and applications in power systems[J]. IEEE Transactions on evolutionary computation, 2008, 12(2): 171-195

[16] Yang Y, Wang J, Motter A E. Network observability transitions[J]. Physical review letters, 2012, 109(25): 258701

[17] Hasegawa T, Takaguchi T, Masuda N. Observability transitions in correlated networks[J]. Physical Review E, 2013, 88(4): 042809

[18] Liu Y Y, Slotine J J, Barabási A L. Observability of complex systems[J]. Proceedings of the National Academy of Sciences, 2013, 110(7): 2460-2465

[19] Newman M E J. The structure and function of complex networks[J]. SIAM review, 2003, 45(2): 167-256

[20] Newman M. Networks: an introduction[M]. Oxford university press, 2010

[21] Shunkun Y, Qian Y, Xiaoyun X, et al. Observability Transitions in Networks with Betweenness Preference[J]. PloS one, 2016, 11(6): e0156764

[22] 杨前. 网络可观性研究[D]. 北京航空航天大学，2015: 1-69

[23] Adamic L A, Lukose R M, Puniyani A R, et al. Search in power-law networks[J]. Physical review E, 2001, 64(4): 046135

[24] Salfner F, Lenk M, Malek M. A survey of online failure prediction methods[J]. Acm Computing Surveys, 2010, 42(3):1283-1310

[25] Bai C G, Hu Q P, Xie M, et al. Software failure prediction based on a Markov Bayesian network model[J]. Journal of Systems & Software, 2005, 74(3):275-282

[26] Agarwal M, Paul B C, Zhang M, et al. Circuit Failure Prediction and Its Application to Transistor Aging[J]. 2007, 22:277-286

[27] Salfner F, Malek M. Using Hidden Semi-Markov Models for Effective Online Failure Prediction[C]// IEEE International Symposium on Reliable Distributed Systems. IEEE Xplore, 2007:161-174

[28] 邓力，范庚，刘治学. 基于回归分析方法的网络故障预测[J]. 计算机工程，2012，38(20)：251-255

[29] 胡泽文，肖明清. 基于时间序列模型的故障预测研究[J].

计算机测量与控制，2013，21(006)：1421-1423

[30] Kumari D, Rajnish K. Comparing Efficiency of Software Fault Prediction Models Developed Through Binary and Multinomial Logistic Regression Techniques[M]//Information Systems Design and Intelligent Applications. Springer India, 2015: 187-197

[31] Zhang J F, Hu S S. Nonlinear time series fault prediction based on clustering and support vector machines[J]. Control Theory & Applications, 2007, 24(1): 64-68

[32] Malhotra R. A systematic review of machine learning techniques for software fault prediction[J]. Applied Soft Computing, 2015, 27: 504-518

[33] Zhao J, Li D, Sanhedrai H, Cohen R, Havlin S. Spatio-temporal propagation of cascading overload failures in spatially embedded networks[J]. Nature Communications, 2016, 7: 10094

[34] Shunkun Y, Jiaquan Z, Dan L. Prediction of Cascading Failures in Spatial Networks[J]. PloS one, 2016, 11(4): e0153904

[35] Motter A E, Lai Y C. Cascade-based attacks on complex networks[J]. Physical Review E, 2002, 66(6): 065102

第 7 章　关键基础设施网络的故障自愈

随着关键基础设施结构或功能依赖性增强，级联失效逐渐成为社会基础设施的主要失效模式。级联失效的防护修复是整个基础设施防御体系不可或缺的一部分。下面我们讨论关键基础设施的故障自愈，也就是关键基础设施的实时防护修复问题。在对这些复杂网络系统故障预测的前提下，突破缓解故障传播的瓶颈，实现故障的在线修复，对复杂网络级联失效进行有效干预和防护，可以减缓甚至杜绝系统故障的传播，提高系统的可靠性。

7.1　网络级联失效的自愈

关键基础设施上的级联失效已经频繁地造成极大损失，根据 NERC（North American Electric Reliability Council）的数据，美国电网停电故障每年影响近 70 万用户。这其中，一些局域扰动会影响到距离非常远的地区。而另一些故障则从一个基础设施网络传播到另一个基础设施网络。因为关键基础设施网络提供了各类必要的服务，一旦停止运行将会引起经济、健康和安全等重大损失。所以，有必要发展关键基础设施的自愈机制，用来在局域扰动或者攻击发生时，可以及时缓解和控制故障的传播，避免大范围的级联失效[1,2]。按照级联失效的自愈时机，现有的级联失效自愈技术研究有如下几类。

1. 级联失效前的自愈

级联失效前自愈技术的目的是防止级联失效发生，降低初始扰动的概率，预防事故发生。在预防阶段，当前主要通过设计手段如构建具有鲁棒拓扑结构的网络[3]，考虑容量冗余和结构冗余[4]，以及其他一些可靠性安全性设计准则[5]，如电网中的 $n-1$ 准则[6]、继电器保护等。

2. 级联失效中的自愈

级联失效中的自愈主要目的在于抑制级联失效的进一步扩展，减小失效的规模和造成的严重后果。目前主要采用的有状态监控技术，以及电网中常用到的自适应继电保护技术，有选择地甩电荷和隔离部分网络使其形成孤岛[7,8]。

3. 级联失效后的自愈

级联失效后的自愈，主要目的是快速恢复系统部分或全部功能，减少级联失效造成进一步的危害和风险。目前级联失效后的恢复技术主要是电力网络中的黑启动（Black Start）技术[9]。

一般地，黑启动是指电力系统在大面积停电事故后所进行的一系列的自我恢复操作，即整个电力系统因故障停运后，整个系统停电而处于全"黑"状态（孤立小电网仍维持运行的情况除外），在没有或不依赖别的网络协助的情况下，通过系统自身具备的自启动能力发电机组，进而带动无自启动能力的发电机组启动。按照自启动机组带动无自启动能力机组的方式，电力恢复范围将逐步扩大，并可以最终实现整个电网的恢复。另外，在黑启动过程中电源点的启动是关键。机组具有黑启动功能不仅是电站在全厂失电情况下，为保证安全生产所采取的必要的自救措施，也是未来电力网络发展所必备的技术。黑启动技术被证实在电网大面积停电后，能大大减少电网停电持续时间，减少电能损失，并尽快恢复电网的正常运行[9]。

目前，关于网络系统中的失效防护研究大多是基于失效前的预防和失效后的补救。随着实时监测技术（Real-time monitoring technology）、快速修复技术（Quickly repair technology）等自愈技术的发展，网络失效过程中的防护成为可能。随着网络故障所呈现的复杂性和动态性，级联失效成为复杂网络的常见故障模式，复杂网络中级联失效的防护成为当前网络可靠性亟待解决的问题。本章将介绍基于不同级联失效模型的网络自愈方法[10~12]。

7.2 基于全局级联失效的自愈模型

在常见载荷依赖的级联失效概率模型（CASCADE模型[13]）的基础上，我们提出全局级联失效实时维修模型[10,12]，从网络系统的可靠性角度，考察网络系统的维修效果，并进一步从理论上探讨了网络系统的级联失效修复情况。

7.2.1 模型

首先，利用载荷依赖的级联失效概率模型（CASCADE模型）来刻画级联失效机理。网络由 N 个组件构成，每个组件的载荷在$[L_{min}, L_{max}]$范围内服从均匀分布。此处模型假定每个节点的载荷阈值相同，并记为 L_{fail}。所有节点受到初始扰动 D，当节点当前载荷大于阈值 L_{fail}，则该节点失效，并传递载荷 P 到当前所有存活节点，这将触发进一步的过载失效。

基于失效传播的特点，从维修时机和维修强度的角度考虑，我们制定如下维修策略：在给定的修复时机 t_r 和给定的修复概率 p_r 下，考虑对当前所有失效节点进行维修。重新为修复节点分配载荷，同时假定修复行为将使当前存活节点受到一定扰动。此处通过在当前存活节点上施加修复扰动 D_r 来模拟修复行为对当前存活节点造成的影响。

具体的维修算法如下。

① 网络状态初始化。网络中 N 个节点的初始载荷服从均匀分布 $[L_{min}, L_{max}]$，且设定时间步 $t=0$。

② 网络受到初始扰动。网络中所有节点受到初始扰动 D，则节点 j 的当前载荷为 L_j+D。

③ 节点失效状态测试。如果存活节点 j 当前载荷大于其阈值 L_{fail}，则该节点 j 失效。当前时间步失效的节点数目记为 M_t，则当前所有存活节点上增加载荷 M_tP，级联步数 t 增加 1。

④ 当级联步数达到给定修复时刻，即 $t=t_r$，所有失效节点以概率 p_r 进行修复，修复节点从均匀分布 $[L_{min}, L_{max}]$ 中重新分配载荷，同时，存活节点受到服从均匀分布 $[D_r^{min}, D_r^{max}]$ 的修复扰动 D_r。

⑤ 返回到③，直到级联失效终止。

上述全局实时维修模型可用图 7-1 表述。

第 7 章 关键基础设施网络的故障自愈

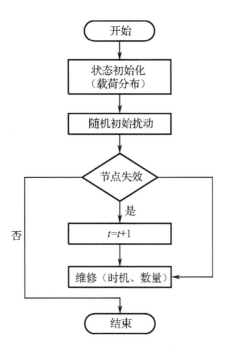

图 7-1 全局实时维修模型框架[12]

在图 7-1 中,首先,进行网络状态初始化,设定初始载荷与初始时间步。然后,对网络施加初始扰动 D,并进行失效状态测试,如果节点载荷大于阈值则失效。当级联步数达到给定修复时刻,则以一定的修复强度开始修复,直至没有节点失效。

7.2.2 仿真结果分析

基于上述全局级联失效实时维修的算法[10],考察了级联失效和维修策略实施下系统的弹性。同时,利用平均失效节点总数 ES(平均雪崩大小)和系统载荷波动 SLF 来度量网络系统的维修效果。系统载荷波动 SLF 定义如下,即

$$\text{SLF} = \sum_{i=1}^{T} |\text{SL}(t=i) - \text{SL}(t=0)| \qquad (7\text{-}1)$$

其中

$$\mathrm{SL}(t=i) = \sum_{j=1}^{N} L_j(t=i) \quad (7\text{-}2)$$

N 是网络系统中组件总个数，L_j 是组件 j 的载荷。若节点 j 在 i 时刻是失效的，则 i 时刻其载荷为 0，即$(t=i)=0$。SL$(t=0)$ 是初始状态下系统的总载荷。SL$(t=i)$是时刻 i 时系统的总载荷，即当前 i 时刻所有存活节点的载荷总和。T 是整个级联动态过程的持续时间，以级联失效步数进行度量。

图 7-2 从平均失效节点总数 ES（平均雪崩大小）的角度比较了涉及维修时机 t_r 和维修强度 p_r 的不同维修策略。从图 7-2 看出，在不存在维修的情况下$(p_r=0)$，ES(L)中存在一个临界点 $L=0.8$。在亚临界状态下 $L<0.8$，网络系统中几乎没有节点失效。然而，在超临界状态下 $L>0.8$，系统有很大的风险发生大规模级联失效。图 7-2 中所考察的维修策略并没有改变系统的临界点，但合适的维修策略可以很显著地减低系统中级联失效带来的危害。负扰动下 $D_r<0$，相应的维修策略能很有效地减小雪崩大小，有效缓解级联失效；且早修（例如，$t_r=1$）比晚修（例如，$t_r=4$）在系统稳定时会有更多的存活组件。正扰动下 $D_r>0$，从指标 ES 的角度来看，所考察的维修策略使得系统的级联失效带来的危害更大。

第7章 关键基础设施网络的故障自愈

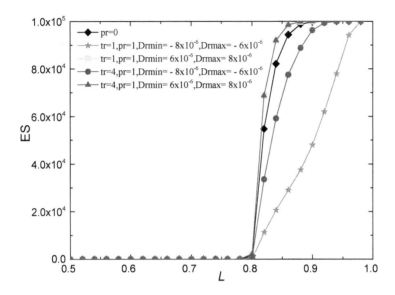

图 7-2 平均失效节点总数 ES（平均雪崩大小）随着系统平均载荷 L 变化趋势[10]

图中，显示了涉及不同维修时机 tr 和维修强度 pr 的五种维修策略。具体参数为：黑色（$p_r=0$）；绿色（$t_r=1$，$p_r=1$）；紫色（$t_r=4$，$p_r=1$）；红色（$t_r=1$，$p_r=1$）；蓝色（$t_r=4$，$p_r=1$）。仿真试验平均次数为 20 000，网络规模大小 $N=105$，节点载荷满足 $L=(L_{min}+1)/2$，且 $L_{max}=L_{fail}=1$，初始扰动和载荷转移量满足 $D=P=4×10^{-6}$。

为进一步探讨不同维修策略对系统稳定性和可靠性的影响，我们提出了关注整个级联失效过程的度量指标——系统载荷波动 SLF。指标 SLF 能反映出整个系统载荷的供应和需求间的平衡关系，更关注系统在整个级联过程中的不稳定性，不同于指标 ES 仅仅关注系统在经历了整个级联过程后的稳定状态，如图 7-3 所示。

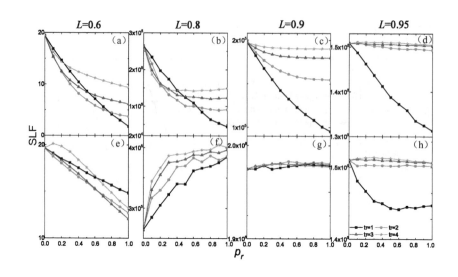

图 7-3 不同系统载荷 L 时系统载荷波动 SLF 随着修复概率 p_r 变化图[10]

图中，为系统载荷波动 SLF 在不同的维修时机 t_r 下随着维修强度 p_r 的变化。四种维修策略分别为：黑色（$t_r=1$）、红色（$t_r=2$）、蓝色（$t_r=3$）、玫红色（$t_r=4$）。在上层的图（图（a）、图（b）、图（c）、图（d））中：$D_r^{\min}=-8\times10^{-6}$，$D_r^{\max}=-6\times10^{-6}$，为负扰动，在下层的图（图（e）、图（f）、图（g）、图（h））中：$D_r^{\min}=6\times10^{-6}$，$D_r^{\max}-D_r^{\min}=8\times10^{-6}$，为正扰动。

图 7-3 给出了系统载荷波动 SLF 在不同的维修时机 t_r 下随着维修强度 p_r 的变化。从图 7-3（a）、(d)，可以看出，在负扰动下（$D_r<0$），维修能有效缓解级联失效和降低系统的不稳定性。同时，修复强度 p_r 越大，系统效果 SLF 越好。在正扰动下（$D_r>0$），仿真效果较为复杂：在亚临界状态下（$L<0.8$），维修仍然可以改善系统的稳定性［见图 7-3（e）］；在临界状态下（$L=0.8$），维修在系统中引入了额外的不稳定性，并拥有较大的系统载荷波动 SLF（见图 7-3（f））；在超临界状态下（$L>0.8$），从 SLF 的角度看，维修对较高负载的系统几乎没有影响（如 $L=0.9$）［见图 7-3

（g）］，但更高负载 $L=0.95$［见图 7-3（h）］下，早修($t_r=1$)可以改善系统。

上述结果可以解释如下：修复效果主要取决于修复节点状态和修复扰动。在负扰动下 $D_r<0$，两个因素具有协同效应，使得部分修复节点最终有效修复；且早修时，两者的协同效应更强。在正扰动下 $D_r>0$，修复节点被修复的同时，存活节点的载荷由于修复行为的施加而增加，这使得修复效果比较复杂，且最终取决维修节点状态和维修扰动竞争的结果。

为进一步探讨修复扰动对修复效果的影响，图 7-4 给出了系统载荷波动 SLF 随着平均修复扰动的变化情况。当系统平均载荷 $L=0.6$ 和 0.8 时，SLF 随着平均修复扰动 D_r 增加而显著增加［见图 7-4（a）、（b）］。当系统处于超临界状态下 $L>0.8$，SLF 在负扰动下一直随 D_r 增加，在正扰动下趋于饱和［$L=0.9$，图 7-4（c）］。无论是正修复扰动还是负修复扰动，早修($t_r=1$)将改善高负载系统［$L=0.95$，图 7-4（d）］。同图 7-3 相似，负扰动下修复在所考察的情况下都将有利于缓解系统的级联失效。当修复扰动为正时，只有在某些系统载荷状态下，系统才能得到改善。

为探讨系统在维修策略下的级联动态过程，从系统的载荷波动的角度追踪了系统的演化过程。系统在时刻 t 的载荷波动定义为

$$\text{LF}(t=i) = |\text{SL}(t=i) - \text{SL}(t=0)| \tag{7-3}$$

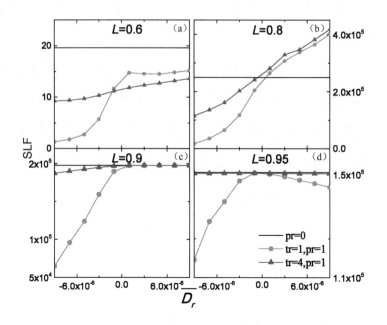

图 7-4 系统载荷波动 SLF 随着平均修复扰动的变化图[10]

图中，系统载荷波动 SLF 随着平均修复扰动的变化情况。三种修复策略分别为：黑色（$p_r=0$），红色（$t_r=1$, $p_r=1$），蓝色（$t_r=4$, $p_r=1$）。其中，$\overline{D_r} = (D_r^{min} + D_r^{max})/2$，$D_r^{max} - D_r^{min} = 2\times10^{-6}$。

此处假定 $LF(t) = 0$ ($t>T$)。图 7-5 给出了载荷波动过程，其中系统的载荷波动 SLF 是曲线 $LF(t)$ 与横坐标轴所围成的面积。负扰动下，早修($t_r=1$)将降低载荷波动 [见图 7-5（a）～（d）]。然而，正扰动下，维修效果跟系统负载状态有很大关系，$L=0.6$ 时，载荷波动比无维修情况下要小 [见图 7-5（e）]；$L=0.8$，载荷波动显著增加 [见图 7-5（f）]。

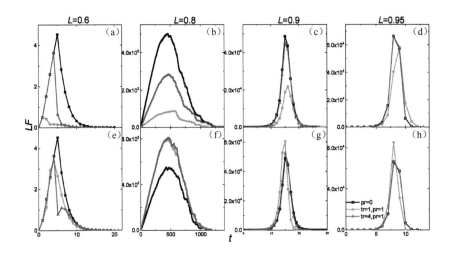

图7-5 载荷波动 LF 变化图[10]

图中,为载荷波动过程,x 轴是系统级联步数 t。三种修复策略分别为:黑色($p_r=0$),红色($t_r=1$,$p_r=1$),蓝色($t_r=4$,$p_r=1$)。其中,在上层的图(图(a)、图(b)、图(c)、图(d))中:$D_r^{\min}=-8\times10^{-6}$,$D_r^{\max}=-6\times10^{-6}$,在下层的图(图(e)、图(f)、图(g)、图(h))中:$D_r^{\min}=6\times10^{-6}$,$D_r^{\max}-D_r^{\min}=8\times10^{-6}$。

7.2.3 理论分析

全局维修是基于可解析的级联失效概率模型(CASCADE 模型)。为更深入地探讨,维修策略都系统级联失效的影响,我们从理论上解析了全局维修[10]。

全局级联失效实时维修的详细理论推导过程如下。

根据上述提到的全局级联失效实时维修的模型,网络系统中的 n 个节点在 $[L_{\min}, L_{\max}]$ 范围内服从均匀分布。初始扰动 D 加载到每一个存活节点上。当设定 $L=(L_{\min}+L_{\max})/2$ 和 $L_{\max}=L_{\text{fail}}=1$,节点 j 的载荷 $L_j\in[2L-1, 1]$,且当其载荷大于失效

阈值 L_{fail}，则节点 j 失效。每一个失效节点将传递载荷量 P 到每一个当前存活节点上。

基于文献[14]，系统总失效节点个数 S 的分布为

$$P(S=r) = \begin{cases} \binom{n}{r} d(d+rp)^{r-1}(1-d-rp)^{n-r} & r = 0,1,\cdots,\left[\dfrac{1-d}{p}\right] \\ 0 & r = \left[\dfrac{1-d}{p}\right]+1,\cdots,n-1 \\ 1-\displaystyle\sum_{s=0}^{n-1} P(S=s) & r = n \end{cases}$$

（7-4）

其中，$[x]$ 是不超过 x 的最大整数，$0 \leqslant d = \dfrac{D}{2-2L} \leqslant 1$，$p = \dfrac{P}{2-2L} > 0$，$\left[\dfrac{1-d}{p}\right] < n$。

当 $rp+d \leqslant 1$，$n \to \infty$，$p \to 0$，$d \to 0$，$\theta = nd$，$\lambda = np$，上述分布可以近似为如下分支过程，即

$$P(S=r) \approx \theta(r\lambda+\theta)^{r-1} \dfrac{e^{-r\lambda-\theta}}{r!} \qquad （7-5）$$

根据分支过程的性质，可以得到

$$P(M_1 = m_1) = \begin{cases} e^{-\theta} \dfrac{\theta^{m_1}}{m_1!} & m_1 = 0,1,\cdots,n-1 \\ 1 - e^{-\theta} \displaystyle\sum_{k=0}^{n-1} \dfrac{\theta^k}{k!} & m_1 = n \end{cases} \qquad （7-6）$$

和

$$P(M_{i+1} = m_{i+1} \mid M_i = m_i, \cdots, M_1 = m_1)$$

$$= \begin{cases} \dfrac{(m_i \lambda)^{m_{i+1}}}{m_{i+1}!} e^{-m_i \lambda} & m_{i+1} = 0, 1, \cdots, n - s_i - 1 \\ 1 - \sum_{k=0}^{n-s_i-1} \dfrac{(m_i \lambda)^k}{k!} e^{-m_i \lambda} & m_{i+1} = n - s_i \end{cases} \quad (7\text{-}7)$$

此处，$s_i = m_1 + \cdots + m_i$。

由于仿真过程中所考察的网络对象满足至少级联 5 步的级联条件，设 $P(T \geqslant 5) = P(M_5 \neq 0) = 1 - P(M_5 = 0) = p(\theta, \lambda)$。则无修复情况下 ($p_r = 0$)，系统失效节点总数 S 的分布为

$$\begin{aligned} P(S = r \mid M_5 \neq 0) &= \frac{P(S = r, M_5 \neq 0)}{P(M_5 \neq 0)} = \frac{P(S = r) - P(S = r, M_5 = 0)}{P(M_5 \neq 0)} \\ &\approx \frac{P(S = r)}{P(M_5 \neq 0)} \quad (5 \leqslant r < n) \end{aligned}$$

(7-8)

根据文中参数，可以得到 $\lambda_c = \dfrac{nP}{2 - 2L_c} = 1$，$L_c = 0.8$，同图 7-2 结论一致。

当修复策略为 $(t_r, p_r)(t_r > 0, p_r > 0)$，此处设定修复时刻系统总失效节点个数为 $S_{t_r} = s_{t_r} < n$。此时，可以得到系统当前状态为：m 个失效节点，$(s_{t_r} - m)$ 个载荷位于 $[2L-1, 1]$ 的修复节点，$(n - s_{t_r})$ 个载荷位于 $[2L - 1 + D + s_{t_r} P + D_r, 1 + M_{t_r} P + D_r]$ 的存活节点，其失效率为 $\dfrac{M_{t_r} P + D_r}{2 - 2L - D - s_{t_{r-1}} P}$，$E_m = (1 - p_r) s_{t_r}$。接着，系统经过修复后可能会继续发生级联失效。由系统当前状态，可以初步知道网络系统的平均失效节点个数（雪崩大小）ES 强烈依赖于修复扰动 D_r 的取值和符号、修复时机 t_r、修复强度 p_r 和系

统载荷水平 L。

当 $M_{t_r}P+D_r \leqslant 0$，修复后，系统中的失效立即终止。则总的失效节点个数 S 的分布为

$$P(S=s_r | M_S \neq 0) = \sum_{r_1=s_r}^{n} P(S_{t_r} = r_1 | M_S \neq 0) C_{r_1}^{s_r} (1-p_r)^{s_r} p_r^{r_1-s_r} \quad (7\text{-}9)$$

$(0 \leqslant s_r < n)$

当 $M_{t_r}P+D_r > 0$，系统可以替换为 m 个失效节点和 $(n-m)$ 载荷位于的存活节点，并受到初始扰动。考虑到至少级联 5 步（或任意正整数）的级联条件和维修时机，维修情况下总的失效节点个数 S 的分布为

$$P(S=r | M_S \neq 0)$$

$$= \sum_{r_1=0}^{n} P(m=r_1 | M_S \neq 0) P(S=r | m=r_1)$$

$$= \sum_{r_2=1}^{n} \sum_{r_1=0}^{r_2} P(S_{t_r} = r_2 | M_S \neq 0) C_{r_2}^{r_1} (1-p_r)^{r_1} p_r^{r_2-r_1} P_1(S_r = r-r_1) \quad (7\text{-}10)$$

$$\approx \sum_{r_2=1}^{n} \sum_{r_2 = m_1+\cdots+m_{t_r}, m_i > 0} \sum_{r_1=0}^{r_2} \frac{P(M_1=m_1,\cdots,M_{t_r}=m_{t_r})}{P(M_S \neq 0)} C_{r_2}^{r_1} (1-p_r)^{r_1}$$

$$p_r^{r_2-r_1} P_1(S_r = r-r_1)(5 < r < n')$$

修复后，总的失效节点个数 S_r 的分布为

$$P_1(S_r = r) = \begin{cases} \binom{n'}{r} d'(d'+rp)^{r-1}(1-d'-rp)^{n'-r} & r=0,\cdots,\left[\dfrac{1-d'}{p}\right] \\ 0 & r=\left[\dfrac{1-d'}{p}\right]+1,\cdots,n'-1 \\ 1-\sum_{s=0}^{n'-1} P_1(S_r = s) & r=n' \end{cases}$$

$(7\text{-}11)$

其中，$n'=n-m$，$d'=\dfrac{D'}{2-2L}$，$p=\dfrac{P}{2-2L}$。

首先，给出在无修复情况下（$p_r=0$），仿真和理论的比较。由图7-6可知，理论计算和仿真结果吻合较好。注意到，在$L=0.8$处失效节点总个数S的分布存在幂律尾。其次，在图7-7（负扰动）和图7-8（正扰动）给出了修复情况下（$p_r\neq 0$）仿真和理论的比较。由图可知，理论计算和仿真结果吻合较好。

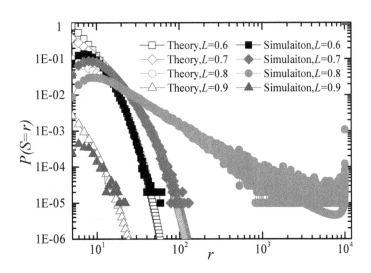

图7-6　无修复情况下的级联失效规模S的理论分布对数图[10]

图中，空心点为理论计算，实心点为仿真结果。仿真试验次数为100 000，$N=10\,000$，$D=P=0.000\,04$。

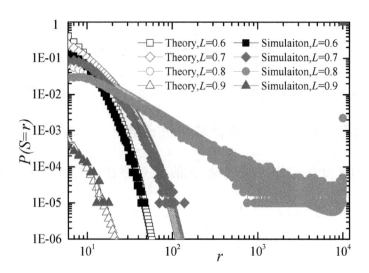

图 7-7 修复情况下的级联失效规模 S 的理论分布对数图（负扰动）[10]

图中，空心点为理论计算，实心点为仿真结果。$t_r=1$，仿真试验次数为 100 000，N=10 000，$D=P$=0.000 04。

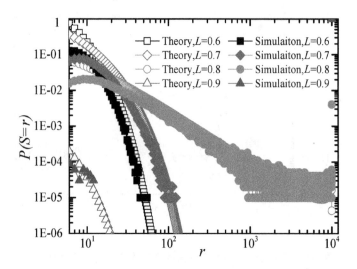

图 7-8 修复情况下的级联失效规模 S 的理论分布对数图（正扰动）[10]

图中，空心点为理论计算，实心点为仿真结果。$t_r=1$，仿真试验次数为 100 000，N=10 000，$D=P$=0.000 04。

7.2.4 案例分析

为进一步对全局实时维修模型进行验证，本小节采用了美国西部电网的例子。同时，基于上述级联失效概率模型（CASCADE模型）忽略了系统组件的多样性和组件间相互作用的差异性等因素，提出了更为实际的全局维修模型，相关模型改进如下。

① 节点初始载荷分布。节点初始载荷分布由上述均匀分布变为高斯分布。

② 节点失效规则。节点失效对所有节点传递载荷 P 变为只对邻居节点传递载荷 Q，前者跟拓扑结构无关，而后者跟拓扑结构有关，只有当所研究的对象为全连通网络时，两者才一致。

③ 修复扰动改变。修复扰动由上述均匀分布变为高斯分布。

图 7-9 从平均失效节点个数 ES 角度比较了不同修复策略。从图 7-9 可看出，在不存在维修的情况下($p_r=0$)，ES(L)中存在一个临界点 $L=0.9$。负扰动下 $D_r<0$，修复($p_r>0$)能有效缓解级联失效，提高系统的可靠性；且早修（例如，$t_r=1$）比晚修（例如，$t_r=4$）效果更好。正扰动下 $D_r>0$，所考察的修复策略使系统最终失效的节点更多。上述结论和图 7-8 相似，这在一定程度上验证了模型的有效性。

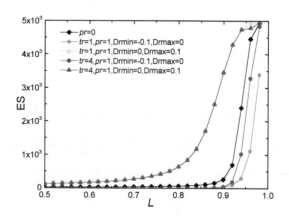

图 7-9 失效节点个数 ES（平均雪崩大小）随着系统平均载荷 L 变化图[10]

图中，从平均失效节点个数 ES 角度比较不同修复策略。五种修复策略分别为：黑色（p_r=0），绿色（t_r=1，p_r=1），紫色（t_r=4，p_r=1），红色（t_r=1，p_r=1），蓝色（t_r=4，p_r=1）。所有节点的载荷在[L_{min}, L_{max}]范围内服从高斯分布，同时修复扰动 D_r 在[L_{min}, L_{max}]范围内服从高斯分布。$L_{max}=L_{fail}=1$，$u_1=L=(L_{min}+L_{max})/2$，$\sigma_1^2=(L_{max}-L_{min})^2/12$，$D$=0.01，$Q$=0.05，$u_2=(D_r^{min}+D_r^{max})/2$，$\sigma_2=D_{max}-D_{min}$。

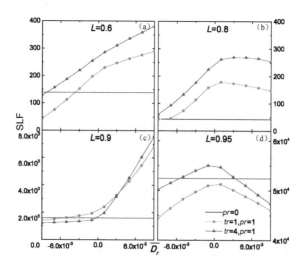

图 7-10 系统载荷波动 SLF 随着平均修复扰动变化图[10]

图中，为系统载荷波动 SLF 随着平均修复扰动的变化。三种修复策略分别为：黑色（p_r=0），红色（t_r=1，p_r=1），蓝色（t_r=4，p_r=1）。

图 7-10 从系统载荷波动 SLF 的角度探讨了修复扰动对修复效果的影响,并进一步验证了全局级联失效实时维修模型的有效性。从图 7-10 可以看到,修复扰动 D_r 对修复效果有显著影响。当系统处于亚临界状态($L=0.6$ 和 0.8)),系统几乎在所有考察的 D_r 下均无法有效修复。超临界状态下($L=0.95$),系统载荷波动 SLF 在负扰动下递增,在正扰动下递减,且早修($t_r=1$)将改善系统的可靠性。维修只有在某些系统状态下才能有效缓解系统级联失效。

7.3 基于局域级联失效的自愈模型

上一节研究了级联失效的全局传播及实时维修,但是并未探讨与网络拓扑结构的关系。然而在实际情况中,级联失效的传播与网络的拓扑结构密切相关[15~18]。系统中的组件常常在物理和逻辑上依赖于其他有限的组件而不是系统中所有的组件。这些依赖通过连边表示,这些连边是物理依赖情况下的实际连接或者是逻辑依赖下的关系连接。例如,在电力传输系统中,网络连接包括变电所和发电厂间的物理连接。因此,本节在局域级联失效实时维修的模型上考察不同的网络拓扑结构中系统受到单点攻击(扰动)后的级联和修复情况[11]。

7.3.1 模型

首先,利用考虑拓扑结构的载荷依赖模型来刻画级联失效机理[19]。网络由 N 个组件构成,每个组件的载荷在[L_{min}, L_{max}]范围内服从均匀分布,且拥有载荷阈值 L_f。有最多邻居的节点 i 受到初始扰动 D,当其当前载荷大于阈值 L_f,则节点 i 失效,同时,将其当前载荷均分到其当前存活邻居上,这将触发进一步的过载失效。

基于故障传播的特点,从维修成本和维修资源的角度考虑,我们制定如下维修策略:在给定的修复时机 t_r 和有限的修复资源 R(最大的修复个数)下,对在该时刻失效的节点进行维修。修复节点恢复其与当前存活邻居的边连接,并回收其失效时有效分配的载荷。同时,修复节点拥有新的失效阈值 $L_f^r > L_f$。

具体的维修算法如下。

① 网络状态初始化。网络中 N 个节点的初始载荷服从均匀分布[L_{min}, L_{max}],且设定时间步 $t=0$。

② 网络受到初始扰动。网络中标度最大节点受到初始扰动 D。

③ 节点失效测试。如果存活节点 j 当前载荷大于其阈值 L_f,则该节点失效,并将其当前载荷均分到其当前 $k_j(t)$ 个存活邻居,级联步数 t 增加 1。

④ 当级联步数达到给定修复时刻，即 $t=t_r$，在该时刻失效的节点在资源 R 下进行修复，修复节点 i 回收其失效时有效分配的载荷，其载荷为 $k_i(t_r)*L_i(t_r-1)/k_i(t_r-1)$，并分配新的失效阈值 $L_f^r>L_f$。

⑤ 返回到③步，直到级联失效终止。

7.3.2 仿真结果分析

基于上述局域级联失效实时维修的算法，我们考察了匀质网络和异质网络中级联失效和维修策略实施下的系统弹性[11]。此处选取 Erdös–Rényi（ER）网络[20]和无标度（SF）网络[21]作为具体的考察对象，其中 SF 网络的度分布满足 $P(k)\sim k^{-\gamma}$，其中 k 为节点的度，γ 为尺度参数。利用最大子团的相对大小 G 从系统鲁棒性和弹性的角度来度量系统的维修效果，其中 $G=N'/N$，N 和 N' 分别为失效前后网络中最大子团中节点的个数。

图 7-11 给出了 ER 和 SF 在无修复情况下的级联失效情况随着初始扰动 D 的变化。从图 7-11（a）中可以看到，ER 和 SF 均有随着 D 增大，G 急剧减小，系统越来越脆弱；且 SF 比 ER 更鲁棒，尤其是 D 较大时。从图 7-11（b）中可知，SF 比 ER 的级联失效持续时间 T 更长。

由于级联失效的触发是度最大的节点 j 受到扰动 D，则其失效时传递给其 k_{max} 个邻居的载荷分量是 $(L_j+D)/k_{max}$。由 ER 和 SF 度分布的特点可知，ER 度最大的节点失效后传递给其存活邻居的分量较为均匀。ER 度分布的均匀性决定了，在各个失效节点传播方向的一致性和同步性。而在 SF 中失效传播存在两种不同的情况：当失效节点度较小时，相对较多的载荷加载到较少的邻居上；当失效节点度较大时，相对较少的载荷加载在较多的邻居上。两种不同情况可能使得进一步传递故障的节点较少。SF 度分布的非均匀性，使得在各个失效节点传播方向的不一致性，SF 中的失效传播易中断。上述原因使得 SF 更鲁棒且失效传播持续时间较长。

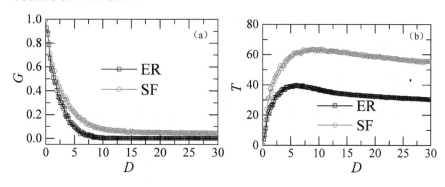

图 7-11　无修复情况下系统级联失效情况[11]

图中，为 ER 和 SF 在无修复情况下的级联失效情况随着初始扰动 D 的变化。仿真试验次数为 1000。网络规模大小 N=10000，平均度 $<k>$=4，尺度参数 γ=2.5，初始载荷界限 L_{min}=0，L_{max}=L_f=1。（a）为最大连通子团 G 随初始扰动变化图，（b）为级联失效过程持续时间 T 随初始扰动变化图。

网络系统在不同的维修策略下会是怎样的情形，是否存在维修成本低而维修效果好的较优维修策略，ER 和 SF 中相应维修策略下各自是什么情形，为解决这些问题，这里首先给出不同维修策略下系统响应示意图，如图 7-12 所示。

第7章 关键基础设施网络的故障自愈

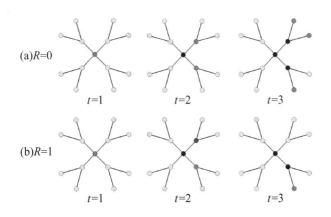

图 7-12 局域实时维修策略示意图[11]

图中，为系统级联失效的动态过程。绿色为存活节点，红色节点为当前失效节点，黑色节点为先前时间步 t 失效节点，蓝色为修复节点。（a）$t_r=2$，$R=0$；（b）$t_r=2$，$R=1$。

图 7-12 对维修策略(a) $t_r=2$，$R=0$ 和(b) $t_r=2$，$R=1$ 下系统级联失效的动态过程进行了示意说明，其中绿色为存活节点，红色节点为当前失效节点，黑色节点为先前时间步 t 失效节点，蓝色为修复节点。图 7-12（a）中，$t=1$ 时，度最大的节点由于受到初始扰动而失效，且将其载荷均分到其 4 个邻居；$t=2$ 时，度最大节点的 2 个邻居节点失效，当无修复资源时，即 $R=0$，级联失效继续，最终呈现图 7-12（a）$t=3$ 的情况。当实施修复策略图 7-12（b）$t_r=2$，$R=1$ 时，在 $t=2$ 失效的节点中，有一个节点被有效修复，则在该方向上的失效终止传播，最终呈现图 7-12（b）$t=3$ 的情况。由该示意图，可以知道适当的维修策略将缓解系统的失效传播，进而提高系统的鲁棒性和弹性。

为具体了解不同的修复策略对系统弹性的影响，这里探讨了不同修复策略参数组合下系统的修复效果。从图 7-13 可以看到，相同 L_f' 下，SF 网络通常比 ER 网络拥有更好的修复效果。ER 和 SF 均存在最优的修复时机，即相同的修复资源下取得最大 G 对应的 t_r。注意到，只有在一定的时间区间内，维修才能有效缓解级联失效，太早和太晚修复，则所考察的修复策略效果不明显。另外，修复资源 R 越丰富修复效果越好，对修复效果影响较为明显。修复时间和修复资源的组合将主要决定修复效果。如图 7-13（e）和图 7-13（f）所示，当修复节点的失效阈值 L_f' 进一步提高，适当的修复时机和修复资源将更有效地缓解和终止级联失效的传播。由此得到，修复有效性取决于修复对象的拓扑结构和修复策略参数（修复时机 t_r，修复阈值 L_f' 和修复资源 R）。

为进一步优化修复策略，减少修复成本，这里探讨了修复资源的作用。首先，本节定义了临界修复资源 R_c，即为达到修复效果 $G>G_c$ 的标准所需要的最少修复资源。图 7-14 给出了在特定修复时机 t_r 和修复阈值 L_f' 下，为达到给定的修复效果 G_c 所需要的临界修复资源 R_c。从图 7-14 可知，当 L_f' 较小时，只在一定的时间区间内，修复效果能满足相应的修复条件，且太早修复和太晚修复均不能有效缓解级联失效 $(G>G_c)$。当系统可以有效修复 $(G>G_c)$，对特定的修复阈值 L_f'，临界修复资源 R_c 随着修复时机 t_r 的推迟而增加；为达到设定的修复效果，修复实施越晚，所需要的修复资源越多。比较有趣的是，在同样的修复策略和修复标准下，SF 所需要的资源远少于 ER。上述现象是相应修复时刻下失效节点的数目以及其上载荷的均匀性相互作用的结果。前者影响 R_c 的变化趋势，后者影响 L_f^r 的作用效果。由上述分析可知，对给定的修复效果 G_c，修复资源的配置取决于修复阈值 L_f^r 和修复时刻 t_r。

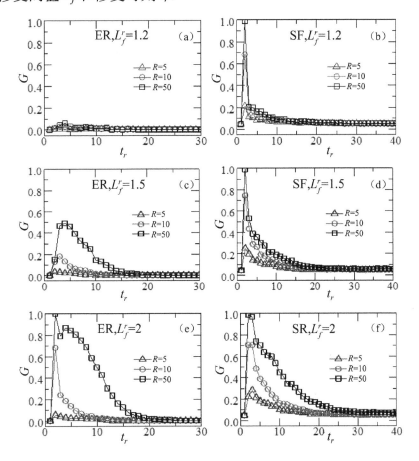

图 7-13　修复效果 G 随着修复时机 t_r 变化图[11]

图中，为不同的修复策略对系统弹性的影响。初始扰动 $D=10$，网络规模 $N=10\,000$，平均度 $<k>=4$，尺度参数 $\gamma=2.5$，初始载荷界限 $L_{min}=0$，$L_{max}=L_f=1$。仿真试验次数为 500。(a) ER 网络，$L_f^r=1.2$ (b) SF 网络，$L_f^r=1.2$ (c) ER 网络，$L_f^r=1.5$ (d) SF 网络，$L_f^r=1.5$ (e) ER 网络，$L_f^r=2$ (f) SF 网络，$L_f^r=2$。

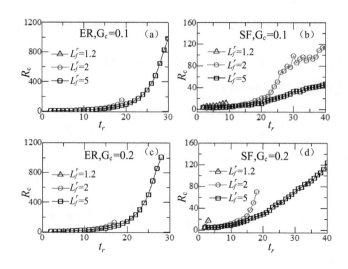

图 7-14　临界修复资源 R_c 随着修复时机 t_r 变化图[11]

图中，在特定修复时机 t_r 和修复阈值 L_f^r 下，为达到给定的修复效果 G_c 所需要的临界修复资源就是 R_c。初始扰动 $D=10$，网络规模 $N=10\,000$，平均度 $<k>=4$，尺度参数 $\gamma=2.5$，初始载荷界限 $L_{min}=0$，$L_{max}=L_f=1$。仿真试验次数为 500。(a) ER 网络，$G_c=0.1$；(b) SF 网络，$G_c=0.1$；(c) ER 网络，$G_c=0.2$；(d) SF 网络，$G_c=0.2$。

7.3.3　案例分析

许多实际网络常在蓄意攻击下发生大规模级联失效。而实际网络的拓扑结构并不能完全由经典的 ER 和 SF 等网络模型代替。由上述维修策略在 ER 和 SF 网络上实施的结果分析可知，修复对象的具体拓扑结构对修复效果有较大影响。为进一步探讨上述局域实时维修策略下，实际网络中的鲁棒性和弹性，此处使用美国西部电网作为例子[22]，同时美国西部电网具有小世界性[23]。上述性质将决定在相应的维修策略下，美国西部电网将呈现不同于上述 ER 和 SF 的维修效果。

图 7-15 给出了美国西部电网在不同的维修策略参数组合下的维修效果。从图 7-15 可以看出，只有在某些修复时机下，维修才能有效缓解级联失效。美国电网存在最优的维修时机，同时也存在较差的维修时机，且这些较差的维修时机并不连续。这意味着实际电网对维修时机要求更为苛刻，需要更精确地把握修复时机，这对相关技术提出了挑战。如图 7-15（c）和图 7-15（d）中，进一步提高修复阈值 L_f^r，适当的修复时机和修复资源将更有效地缓解和终止级联失效的传播。同时，修复资源 R 越丰富修复效果越好，早修对修复资源较为敏感。

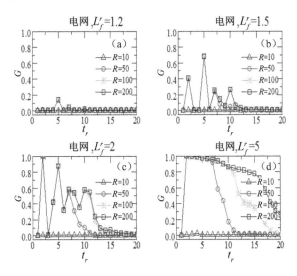

图 7-15　美国电网修复效果 G 随着修复时机 t_r 变化图[11]

图中，初始扰动 $D=10$，节点载荷 $L_{min}=0.6$，$L_{max}=L_f=1$。网络规模为 $N=4941$，平均度 $<k>\approx2.67$。仿真试验次数为 5000。（a）电力网络，$L_f^r=1.2$；（b）电力网络，$L_f^r=1.5$；（c）电力网络，$L_f^r=2$；（d）电力网络，$L_f^r=5$。

然而，实际网络如电网，常常受到随机攻击而发生级联失效。为模拟网络随机攻击下，我们提出的自愈策略的实施效果，采用随机攻击实际电网中的一个节点进行仿真试验，进而得到初始随机攻击而引发过载级联失效的自愈结果。如图 7-16 所示，在初始随机攻击的情况下，自愈策略仍然存在最优的修复时机。

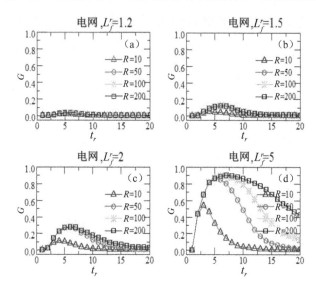

图 7-16　美国电网修复效果 G 随着修复时机 t_r 变化图[11]

图中，初始扰动 $D=10$，$L_{min}=0.6$，$L_{max}=L_f=1$。仿真试验次数为 5000。（a）电力网络，$L_f^r=1.2$；（b）电力网络，$L_f^r=1.5$；（c）电力网络，$L_f^r=2$；（d）电力网络，$L_f^r=5$。

参考文献

[1] Amin M. Toward self-healing energy infrastructure systems[J]. IEEE Computer Applications in Power, 2001, 14(1): 20-28

[2] Ulieru M. Design for resilience of networked critical infrastructures[C]//2007 Inaugural IEEE-IES Digital EcoSystems and Technologies Conference. IEEE, 2007: 540-545

[3] Vespignani A. Complex networks: The fragility of interdependency[J]. Nature, 2010, 464(7291): 984-985

[4] Frangopol D M, Curley J P. Effects of damage and redundancy on structural reliability[J]. Journal of Structural Engineering, 1987, 113(7): 1533-1549

[5] Little R G. Toward more robust infrastructure: observations on improving the resilience and reliability of critical systems[C]//System Sciences, 2003. Proceedings of the 36th Annual Hawaii International Conference on. IEEE, 2003: 9 pp

[6] Ren H, Dobson I, Carreras B A. Long-term effect of the n-1 criterion on cascading line outages in an evolving power transmission grid[J]. IEEE transactions on power systems, 2008, 23(3): 1217-1225

[7] Talukdar B K, Sinha A K, Mukhopadhyay S, et al. A computationally simple method for cost-efficient generation rescheduling and load shedding for congestion management[J]. International Journal of Electrical Power & Energy Systems, 2005, 27(5): 379-388

[8] Koch S, Chatzivasileiadis S, Vrakopoulou M, et al. Mitigation of cascading failures by real-time controlled islanding and graceful load shedding[C]//Bulk Power System Dynamics and Control

(iREP)-VIII (iREP), 2010 iREP Symposium. IEEE, 2010: 1-19

[9] Lopes J A P, Moreira C L, Resende F O. Control strategies for microgrids black start and islanded operation[J]. International Journal of Distributed Energy Resources, 2005, 1(3): 241-261

[10] Liu C, Li D, Zio E, et al. A modeling framework for system restoration from cascading failures[J]. PloS one, 2014, 9(12): e112363

[11] Liu C, Li D, Fu B, et al. Modeling of self-healing against cascading overload failures in complex networks[J]. EPL (Europhysics Letters), 2014, 107(6): 68003

[12] 刘超然. 复杂网络中级联失效的防护[D]. 北京航空航天大学，2014：1-57

[13] Dobson I, Carreras B A, Newman D E. A Probabilistic Loading-dependent Model of Cascading Failure and Possible Implications for Blackouts[A].Proceedings ofHawaii International Conference on System Sciences. 2003:1~8

[14] Dobson I, Carreras B A, Newman D E. A loading-dependent model of probabilistic cascading failure[J]. Probability in the Engineering and Informational Sciences, 2005, 19(01): 15-32

[15] Motter A E, Lai Y C. Cascade-based attacks on complex networks[J]. Physical Review E, 2002, 66(6): 065102

[16] Buldyrev S V, Parshani R, Paul G, et al. Catastrophic

cascade of failures in interdependent networks[J]. Nature, 2010, 464(7291): 1025-1028

[17] Parshani R, Buldyrev S V, Havlin S. Interdependent networks: Reducing the coupling strength leads to a change from a first to second order percolation transition[J]. Physical review letters, 2010, 105(4): 048701

[18] Shao J, Buldyrev S V, Havlin S, et al. Cascade of failures in coupled network systems with multiple support-dependence relations[J]. Physical Review E, 2011, 83(3): 036116

[19] Zio E, Sansavini G. Modeling failure cascades in networks systems due to distributed random disturbances and targeted intentional attacks[C]//Proceeding of the European Safety and Reliability Conference (ESREL 2008). 2008

[20] P Erdös P, Rényi A. On random graphs, I[J]. Publicationes Mathematicae (Debrecen), 1959, 6: 290-297

[21] Albert R, Barabási A L. Statistical mechanics of complex networks[J]. Reviews of modern physics, 2002, 74(1): 47

[22] Watts D J, Strogatz S H. Collective dynamics of 'small-world' networks[J]. nature, 1998, 393(6684): 440-442

[23] Amaral L A N, Scala A, Barthelemy M, et al. Classes of small-world networks[J]. Proceedings of the national academy of sciences, 2000, 97(21): 11149-11152